After Effects

CC 2020

刘力溯——著

影视后期特效实战

清华大学出版社
北京

内 容 简 介

Adobe After Effects是影视、广告、传媒等行业中的主流视频制作软件，在国内院校教学中使用也十分普遍。就当前趋势来看，这个软件的重要性还在提升，比如它在新兴的MG动画领域也占据了重要地位。本书将此软件的知识分模块、由浅到深地进行讲解，并配套全部示例素材与PPT课件，以方便读者快速学习。

本书共分为12章。内容包括导论、AE软件基础入门操作、几种文字动画的设计手法、非文字的动态物体和背景的制作方法、三维立体空间运动设计、影视后期中的高阶技术——深度通道的运用、调色模块、跟踪模块、片头动画的设计制作案例，以及笔者近年来研究成果的精华——VR视频制作的理论+技术。本书以实例串联，实例基本都为原创，设计思路独特，与市面上其他教材并不重复，也涵盖了AE软件使用中的多数知识点。

本书既可供初学者入门学习，也可供中级使用者查阅一些平时较少深入的功能，还可作为大学本科教材，适合人群为艺术院校的数码媒体艺术、动画、编导、电视节目制作、视觉传达等专业方向的师生，以及从事影视后期、MG动画、电视包装、广告传媒、企业宣传行业的技术人员。

图书在版编目（CIP）数据

After Effects CC 2020影视后期特效实战 / 刘力溯著. — 北京：清华大学出版社，2022.8
ISBN 978-7-302-61409-8

Ⅰ.①A… Ⅱ.①刘… Ⅲ.①图像处理软件 Ⅳ.①TP391.413

中国版本图书馆CIP数据核字（2022）第136152号

责任编辑：夏毓彦
封面设计：王　翔
责任校对：闫秀华
责任印制：曹婉颖

出版发行：清华大学出版社
　　　　网　　　址：http://www.tup.com.cn，http://www.wqbook.com
　　　　地　　　址：北京清华大学学研大厦A座　　　　　　邮　　编：100084
　　　　社 总 机：010-83470000　　　　　　　　　　　邮　　购：010-62786544
　　　　投稿与读者服务：010-62776969，c-service@tup.tsinghua.edu.cn
　　　　质量反馈：010-62772015，zhiliang@tup.tsinghua.edu.cn

印 装 者：三河市铭诚印务有限公司
经　　销：全国新华书店
开　　本：190mm×260mm　　　　印　　张：16.75　　　　字　　数：452千字
版　　次：2022年9月第1版　　　　印　　次：2022年9月第1次印刷
定　　价：99.00元

产品编号：094386-01

前　言

　　本书是笔者在 2018 年 5 月出版的一本教材《After Effects CC 2017 影视后期特效实战》的升级版本。

　　本书改动很大：基于 After Effects 2020 软件，去掉了过时的知识、呆板的界面和菜单讲解，全部改为实例。章节划分和各个实例与笔者长期在大学课堂上的实际授课内容一致，从零入门，由易到难，板块清晰。实例全部为原创，知识点不重复，努力覆盖 AE 软件运用的各种基础技术。新增了第 11 章 VR 视频制作技术的全面解析，为读者带来了其他教材中都没有的前沿技术。

本书内容

　　本书分为 12 章。导论介绍行业宏观概论和一些理论知识。第 1 章介绍软件基础入门操作，使读者学会建立项目、新建图层、制作关键帧动画、时间轴剪辑和视频渲染输出。第 2 章介绍几种文字动画的设计手法。第 3 章介绍非文字的动态物体、动态背景的制作方法，包括星球、推移线、爆炸等，并引导读者掌握其背后的 Fractal Noise（分形噪波）这类复杂特效中的参数设置。第 4 章介绍 AE 软件中打开三维图层开关后，形成的三维立体空间，在这种空间之中图层、摄像机如何进行运动设计。第 5 章介绍几种抠像特效，能够解决影视后期中常见的抠像制作任务。第 6 章介绍影视后期中的高阶技术—深度通道的运用。第 7 章介绍调色模块，演示一些基础的调色问题的解决方式，并着重介绍 Hue/Saturation（色相 / 饱和度）特效的深入使用方法。第 8 章介绍跟踪模块，讲解跟踪面板中的单点跟踪、多点跟踪的用法。第 9 章介绍各类插件的安装使用方法。第 10 章是综合运用各种技术，进行片头动画的设计制作。第 11 章是笔者近年来研究成果的精华，将 VR 视频制作的理论 + 技术毫无保留地全盘托出，体系完整，含金量较高，为读者开辟了一个 VR 创作的新赛道。

　　一般人还没有意识到的是，After Effects 或 Premiere 软件能够成为制作 VR 视频的主力工具，是实现面向未来的 VR 内容的利器之一，笔者已经通过多项创作获奖充分验证了这一点。笔者从 2017 年开始研究 VR 技术，逐渐打通了 VR 技术体系，包括 VR 视频的三形式两要素实现方法，以及游戏领域的 HTC VIVE、PICO 开发等，很多知识将在本书中倾囊相授。

除此之外，After Effects 软件还在二维动画、MG 动画、影视合成特效、包装与片头等领域发挥着重要作用，是一个强大而功能多元的软件，笔者十几年来在四川省十多个高校进行过兼职授课，各校中不仅是影视相关专业，甚至连传统意义上属于平面的视觉传达方向都开设了软件课程，可见其多面性和重要性。

配套素材与 PPT 课件下载

本书配套的素材与 PPT 课件，需要使用微信扫描下面二维码获取，可按扫描出来的页面提示，填写你的邮箱，把链接发送到邮箱中下载。如果有疑问或问题，请联系 booksaga@163.com，邮件主题写"After Effects CC 2020 影视后期特效实战"。

本书读者

本书特别适合作为数字媒体艺术、动画、广播电视编导、设计艺术学等二级学科及众多专业方向的大学授课教材。

鸣 谢

本书的编写有四川音乐学院成都美术学院动画系 2020 级程科文同学的参与和贡献，本书的策划和编辑是在我的老搭档清华大学出版社编辑们的协助下完成的，特此鸣谢。笔者也特别感谢父母的培养与支持，他们是原成都军区战旗文工团文职干部、四川省音乐家协会会员、摄影家、小提琴家刘建军和四川大学公共管理学院侯苹教授。

作 者

2022 年 6 月

目　录

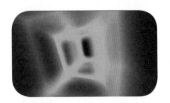

导　论

□ **学习目的**

　　结合笔者的个人经历与感悟，漫谈数字视频产业及相关知识，帮助读者更好地找到发展定位。一些内容来自笔者的课堂教案，分享给大家。

□ **本章导读**

　　数字视频产业革命

　　数字视频基础知识

　　数字视频创作者技能分析

　　数字特效短片分析

AE 数字视频产业革命

　　笔者刘力溯是 80 后，成长于成都市内环圈府南河内的太升北路（因此笔名府河居士），也算是大城市核心区长大的，接触电脑、网络和动漫等视听娱乐产品较早，可以说是第一代互联网原住民了，2000 年我便在互联网上制作展示了第一个个人网站。

　　20 世纪 70 年代末到 80 年代，一轮计算机和互联网技术革命爆发。随着计算机硬件和软件技术的飞速发展，特别是计算机平台上的三维动画、后期特效两类软件从无到有的出现，对影视产业产生了深远的影响和推动，又掀起了一场影视产业的数字化革命，表现在制作方式数字化、储存介质数字化、传播媒体数字化等诸多环节。读者可参看纪录片《皮克斯传奇》（见图 0-1）《工业光魔：创造不可能》（见图 0-2）和《肩并肩（Side by Side）》。

图0-1

图0-2

　　从消费者需求端来看，影视产业数字化革命掀起之后，视听娱乐产品中涌现出层出不穷的新视觉风格、新内容元素、新特技特效、新题材故事，拓展了娱乐产品的内容与深度，造梦能力更进一筹。与今天的年轻人对那个年代抱有的遥远距离感不同，笔者这一代人当年随着观看一部部新推出的作品，获取内容的渠道也从录像带升级为 VCD、DVD、蓝光碟，视听感官受到一次次的震撼，实实在在感受到了这场产业变迁的冲击，成为时代的见证者。在技术与形式上，部分突破性的里程碑作品如图0-3所示。

图0-3

　　由于视听娱乐作品在技术与形式上的突破，作品质量大幅提高，消费者数量剧增，市场大幅扩大。在此领域中，技术带来的变革已不仅仅是"满足了需求"，而是"创造了需求"，开辟了新市场，比如三维动画电影的从无到有。最终结果就是视听娱乐产品"质"与"量"的双重突破，影视产业也开始了迅猛的发展。

　　从影视产业生产端来看，数字化革命不仅仅是把已有的生产环节进行优化和工艺替代，比如数字摄像机取代了胶片摄像机，数字非线性剪辑取代了磁带线性剪辑，数字特效取代了模型特效，而且还创造了很多以前没有的生产环节，扩展了生产内容，如恐龙、飞船、细菌、真人＋三维动画、真人＋二维动画、真人＋特效，万事万物，各种形式，都开始被纳入制作内容了。相应的三维建模、三维动画、后期合成与特效、调色师、概念设计师等岗位都纷纷创设出来了。"电视频道包装"这种子行业，也是在同一技术背景下，于近二十年间从无到有成长起来的。进入21世纪，随着视听娱乐产品在传播上逐渐突破影视的界限，在互联网、VR 设备等多介质、多平台上进行传播，影视产业也融入了更大的数字视频产业范畴。不过产业内的生产技术，仍然是一脉相承，今天使用的软件、生产流程都是由影视产业数字化革命所奠定的。

　　影视—数字视频产业几十年来的产业变革，前半场的主要浪潮是数字制作工具的出现（三维动画、后期特效软件），后半场（21世纪）的主要浪潮是消费终端设备的丰富创新和普及化，使得数字视频传播范围更广，欣赏效果更好，用途也更多，渗透到科教、社交、商务等各类社会活动当中。这对我们数字视频制作者来说，当然是利好，我们尚处于这一波影视—数字视频产业革命浪潮之中。图0-4是笔者制作的石油行业生产工艺演示动画，用于产品宣传。

图 0-5 是笔者带领团队为成都最大的游戏公司之一——夏尔拍摄剪辑的活动花絮视频，笔者在做各类商业作品时常用到的软件是 After Effects、Premiere、3ds Max。

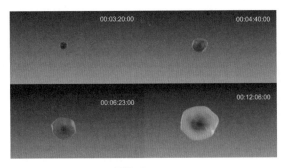

图0-4　　　　　　　　　　　　　　　　　图0-5

从影视产业数字化革命的引爆开始，到今天为止，数字视频产业仍然是一个快速上升的新兴产业，其中的细分领域，比如原创国漫动画、新媒体短视频、VR 沉浸式视频，还在不断地创造市场增量，成为社会焦点。哪里有新兴产业，哪里就有源源不断的人才，数字视频产业对人才和教育的需求长期增长，吸引了越来越多的年轻人投入其中，这也是包括笔者和众多的大学生、本书读者在内的人群，关注、深耕这一领域的根本原因。这一产业对年轻人格外有吸引力，是因为其高度创意化、高度个性化，并且生产个体化，有技术有创意的个人和小工作室可以很容易地找到嵌入产业的经营空间。笔者在近 10 年内培养的新媒体方向的学生，有多人毕业后成为短视频制作公司老总、资深摄像师、电影导演；这一产业也对从业者充满挑战：个人技艺的提升能够带来回报，一分技术一分收获，一分水平一分地位，不是只靠人力就可以做好作品，而是要靠持续追踪和掌握日新月异的技术，不断思考和改进制作流程，以及对设计谈判、设计管理、设计实施的灵活应变，因此个人积累和持续学习极为重要。笔者认为学好一些重要软件，如 After Effects，有过硬的软件应用技术可以成为立足市场、以不变应万变的底气。有赖于影视—数字视频产业在过去 40 年来的发展，我们才能从事这一领域中具有创意激情、技术挑战、施展个人才华的众多工作，我们的个人发展紧系行业趋势。

AE　数字视频基础知识

数字视频产业中的前期是指作品剧本、策划、分镜等纸面方案设计环节；中期是指按计划实景拍摄、制作三维动画等，完成镜头主体内容的素材生成，现今典型的一类视频作品，是由真人实拍和 3DCG（Computer Generated Image）结合制作的，那么真人实拍和 3DCG 就要在中期同步制作完成；而后期是指用后期特效软件，将中期制作出来的素材合成、合并，添加特效处理，再剪辑为最终镜头。笔者经常做过一个比喻是，前期是食谱菜单配方的设计，中期是种地收割得到食材，后期是大厨配比食材、添加调料完成一盘菜。

After Effects 软件做的是后期中的"合成"和"特效"范畴的工作，以及部分的片头制作工作。同属后期的还有剪辑，但不属于本书内容。后期范畴如图 0-6 所示。

图0-6

数字视频后期制作，可以有多种不同的工作流程和软件组合。仅就 Adobe 公司的 After Effects 和 Premiere 而言，这两者就可以组成一条生产线。After Effects 侧重的是单个镜头内的素材合成、特效添加，以及画面视觉效果的精细打磨；而 Premiere 侧重的是多个镜头之间的剪辑和长时间节目的编排，二者各有分工。实际工作中，如果是实景拍摄素材为主的项目，可以先用 Premiere（简称 PR）进行镜头连接和剪辑，把整个影片总体预览效果拉出来，做出一个大概，保存工程，再在 After Effects（简称 After Effects）中，利用菜单文件中的导入 Premiere 工程功能，将剪辑好的 Premiere 工程导入 After Effects 内部，成为一个包含全部镜头的时间线，然后加以更复杂的处理（调色等）。如果是特效、三维为主的合成素材的项目，也可以反向组合，先用 After Effects 合成一个个单镜头，分别渲染为 AVI 文件后，再交由 Premiere 剪辑。

无论是在 After Effects 中合成还是在 Premiere 中剪辑，最开始都要注意设置项目的画幅尺寸以及各种参数。在 After Effects 和 Premiere 已有一个新建工程的情况下（软件一启动，默认就有一个新建工程），内部都可以再新建多个时间轴（Premiere 中叫作序列 Sequence，After Effects 中叫作合成 Composition），在新建合成或序列时，就涉及画幅尺寸以及各种参数的选择了。一般可选择国内广电所采用的 PAL 制式作为预置参数，如图 0-7 所示。

但是实际做项目时，笔者更推荐采用"自定义"预置模式，手动设置合成或序列的参数，根据项目、客户的要求去设置包括画幅尺寸在内的参数。数字视频的画幅尺寸，并没有一个绝对值，但随着硬件的发展，在过去几十年间是一个不断提高的趋势，最早为 20 世纪 90 年代的 VCD 的画幅尺寸，今天已经完全过时了。当今时代，画幅尺寸主流是 1920×1080 像素，并正在向着 4K、8K 过渡。如图 0-8 所示是一个画幅规格的粗略介绍。

图0-7   图0-8

视频画幅尺寸，从之前的标清 SD，逐渐上升到了高清 HD 和全高清 Full HD。

另外一些参数的设置，如像素宽高比、帧率、扫描方式，其实都要首先考虑项目中的素材，实景拍摄或者三维动画传过来的视频素材是什么规格，在后期软件中建立时间轴时，参数也要符合素材的规格。其中主要是实景拍摄的素材比较麻烦，由于摄像机机型繁多，设置不同，参数会很杂，一定要注意匹配。比如，我们可能会遇到如图 0-9 所示的各式像素宽高比的素材。

某一个视频素材，其画幅尺寸是 720×576 像素，但还要考虑它独特的像素宽高比，如果它的像素不是方形像素，而是像素宽度高度比值为 1.067，那么实际视频的画幅宽度大概为 768 像素（720×1.067）。假如在实际工作中，我们有时候疏忽了，素材的像素宽高比与项目的像素宽高比不一致，最坏的结果是：素材导入后放入软件时间轴，可能会出现拉伸变形（变短或变长）、留黑边等（不同像素宽高比的素材和项目间的解析误差），修补的办法就是手动拉伸或对素材的宽高分别输入数值修正。

帧率，是另一个关于视频的参数。一般来说，更高的帧率意味着动画更流畅，快速地运动能够记录得更好，高速摄像机的帧率至少都在 48 帧以上。当前的短视频、VR 视频等都对帧率有了越来越高的要求，一般来说，当今制作视频节目帧率不应低于 30fps，如图 0-10 所示。

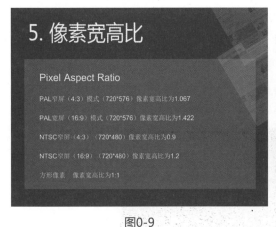

图0-9

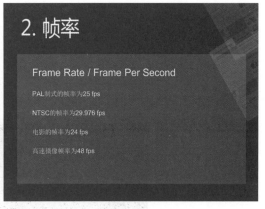

图0-10

扫描方式，是由于历史上存在的电视隔行扫描技术而产生的问题。传统电视机的显像都是将视频以奇数或者偶数行（将视频横切成一条条线，又称为场，Field）分出来，一次显示一半的行，再显示另一半的行，快速轮换。因此很多历史上存留的视频素材，都是有场的，扫描方式叫作隔行。如果遇到这种素材，在合成设置上也只能被动去匹配。而计算机时代的视频、动画，基本不用考虑场的问题，在液晶屏幕、各种电子屏幕播放，都是一次显示所有的场，叫作逐行，如图 0-11 所示。有一本书叫《The Filmmaker's Handbook》国内已有翻译出版，专门探讨影视技术，其中作者提出一种探讨：720p 的视频，画质甚

图0-11

5

至好于 1080i（i 是 interlace 的标注符号）。可见逐行扫描的画质明显好于隔行扫描，是首选。

总之，采用"自定义"预置模式、自定义参数，在有大量视频素材供后期处理的前提下，必须考虑视频素材原有的画幅、帧率、像素宽高比、扫描方式，项目的合成设置要尽量匹配视频素材。但如果并没有太多的视频素材（或者素材只是一些图片），多数内容是自己从头创建的（三维动画设计同属此种情况），这种项目在合成设置上，可以采用规格略高一点的参数，清晰度越高越好，为未来应用留有余地，毕竟从高改低容易，从低改高则不可能。比如，笔者在创作《星之幻想曲》MV 作品时，画幅尺寸高于目前常规的 1920×1080 像素，设为 2560×1440 像素。与之类似，大家在自由创建工程时，也可以将帧率调到 30 帧乃至 50 帧，高于常规的设置；像素宽高比尽量保持 1:1 方形像素；扫描方式为逐行。

AE 数字视频创作者技能分析

笔者在影视后期研究上真正的起点是 2008 年，当年参与团队项目，自己在其中做了这么一个片头，用初学的 3ds Max 软件做了一些三维文字，再用 After Effects 加了一点光效，如图 0-12 所示。从那次开始笔者深刻体悟了处于中期制作环节的三维动画软件与后期制作环节的紧密结合性。作为一个数字视频后期设计师，不仅要学好 After Effects，还要将能力向上下游延伸，掌握多门软件，贯通多种技术，达到对作品全局的把控。笔者在 2003 年上大学时参加过 Adobe 公司的认证培训，讲师张凡运用多门软件如履平地、毫无障碍，这应成为我们的榜样和目标。

图0-12

数字视频的后期学习，技术特别庞杂、琐碎，有大量的小型软件、小型插件要研究，还要创造性地运用它们组合出流程。不过，自从 80 年代影视产业数字化革命以来，三维动画软件（3ds Max、Maya、C4D 等）+ 后期特效软件（After Effects、Nuke、Fusion 等），始终是行业中的核心软件、核心技术。在掌握此两大类高难度、功能复杂的"硬核"软件基础上，再搭配各类小插件、如音乐音频软件、剪辑软件、二维动画软件、平面设计软件作为辅助，是数字视频制作者的标准技术栈，如图 0-13 所示。

具体来说，平面设计类软件中，除了 Photoshop 作为常备的图像处理软件，还要掌握一门矢量软件，用于绘制 LOGO 等重要的图形元素，笔者学习的是 CorelDraw；后期剪辑类软件中，电视台等国家机关采用的是索贝、大洋、新奥特等国内厂商的软件，另外还有Premiere、苹果平台上的 Final Cut Pro，以及 Edius、Vegas、会声会影、爱剪辑、剪映等供选择。剪辑软件基本功能差不多，不过附带的资源库如转场效果、字幕模板各有千秋。后期特效类软件中，After Effects 是主流，其工作方式是图层式的，能够满足大部分中低端项目的需求。我们还可以再学一门节点式（Node Mode）特效软件，如 Combustion、Nuke、Fusion 等，节点式合成特效软件在最高端的电影工业中采用较多，因其具有支持更大画幅输出等优点。三维动画软件，基本上是三选一。二维动画软件中，Animate CC 是 Flash 的升级版，笔者感觉 After Effects 中的角色动画插件越来越丰富，已经部分蚕食了 Animate/Flash 的功能，二维动画中的影视级动画主要靠画功，和软件关系不大。网络级动画，众多软件都能完成，差异不大。倒是近几年新推出的"智能动画软件"如 Cartoon Animator 4 值得一学，有现成的动作模板库可供调用，能极大提高一些二维动画、MG 动画的制作效率。

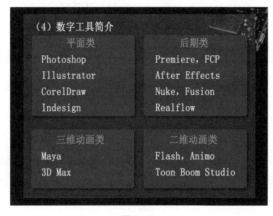

图0-13

数字视频后期制作者应该"二专多能"，三维动画软件和后期特效软件是两个必专的领域，各应精通一门大型软件，其他软件相对简单或者处于制作流程中的从属地位，根据情况选学即可。

AE　数字特效短片作品分析

本节要分析的是一些运用了大量后期合成与特效技术的"特效短片"。这一类特效短片从技术上来归纳，它们的共同特点是后期合成特效软件（包括 After Effects）、三维动画软件在其制作中的应用比例较大，添加的虚拟内容、CG 内容、动画内容较多，技术成分较重。

电子杂志 Stash 是一个月刊，专门搜集全世界范围内每月优秀的特效短片，以视频合辑的形式向观众呈现，是极佳的学习研究材料，大家可在网络上搜索，如图0-14 所示。

如果从非技术角度看，Stash

图0-14

里收录的这些 VFX 特效短片，实际上是包含各种类别的，比如广告、原创动画短片、电视频道包装中的各种设计品类、电影片头、MV 等。我们拿到这么多优质的作品，自然要从制作者角度去分析研究它们。好比是工程师，广泛研究别国的坦克型号，最直观快速的方法就是去分析样品的主要参数，像坦克装甲厚度、炮口直径、高度宽度、吨位等，进而提取制作经验。笔者在讲授"媒体包装创意理论课"这类对应后期特效的理论课时，也按照这种主要参数分析方法，列了一些完全站在制作者角度的实用项，组成表格（包装作品分析表），让学生看短片后马上快速判断填写，借此训练从业者的敏锐观察能力和对作品要素的把握能力，如图0-15 和表 0-1 所示。

图0-15

表 0-1 包装作品分析表

作品名称 / 服务对象	真正的希区柯克 / mpix.ca 媒体机构
类型	组合节目收视宣传片（combo spot 或 multi spot）
时长	3分40秒
创意	图文混排，纯视觉形式演绎
视觉风格	波普风格。橙色底，黑色图形剪影形成双色调，二维平面风，画面切割后穿插真实影像
主要运动调度方式	多元调度方式。横向移动，纵向移动，缩放拉伸

通过快速填表，让学生提高对作品主要分析要素（参数）的关注度和判断力。我们这些视频制作相关专业（动画、数字媒体艺术、广播电视编导）的人，多数并不是要去搞什么高大上的美学理论研究，而是实际创作片子。这些分析项都是创作一部作品的实用要素，是我们构思和组合一部作品的参数。粗略地看过一个片子，外行人只能看一个热闹，来不及吸收理解作品的信息，而经过这张表格训练和具有长期制作经验的人，就能很快搜集到作品的重要信息，进而对我们的创作形成参考。

第一是看到它的主题、标题，或者辨认出这个作品为谁制作（比如广告主）。不是所有作品都会有明确呈现的标题，不必强求，如有便可捕获这一信息。假如捕捉到作品中的标题信息或服务对象信息，其实深层次上可以引出对其标题文本所在的时间位置、出入方式、落版形式的观察和总结。

第二是判断作品类型，这也是很考验专业能力的，当今的特效短片都是创意丰富、思维发散、充满联想的，常常顾左右而言他，但我们还是要能看出它的类型、品种、片种，有什么功能，如广告、原创动画、音乐 MV、电影片头。其中最复杂的是判断电视频道包装领域的设计品种，建议必读郭蔓蔓的《电视频道品牌包装艺术》。书中对新兴行业电视频道包装中的一系列视频设计品类进行了系统定义和解释，笔者认为比较准确，可类比电视领域的 VI 实施手册，其中拆分出了许多功能片种：广告标版、节目菜单、频道 ID、栏目宣传片等。电视频道包装是我们学习了后期特效技术后，可能从事的对口行业，作为专业人士，首先要搞清楚我们将要设计的是哪些东西。

第三是时长，粗略判断即可，数据也有一定统计意义，帮助我们认识各类片种的篇幅。

第四是创意，这项可以建立起自己的一套认知体系来对应，比如广告创意中的温馨诉求、惊恐诉求、幽默诉求、比喻隐喻，没有标准答案，简要描述即可。但有一部分的短片是弱创意的，没有那种故事性、意义性的主线，只有眼花缭乱的动画呈现，信息罗列，这可以归入"视觉形式演绎"的创意类型。

第五是视觉风格，古今中外各式各样的美术设计风格，都可以在特效短片中采用，为了标新立异，很多还比较奇特。系统归纳总结，对于我们做创作也能形成一个巨大的参考库，灵活选用各种视觉风格，是创作的重要部分。可用的视觉风格繁多，也可以自己归纳总结一个体系，比如巴洛克、哥特、三星堆、明代、装饰艺术、现代主义、波普风格、清爽白背景、未来科技感、赛博朋克等。

第六是主要运动调度方式。一些特效短片会有一个保持一致的主要调度方式，如旋转、横向移动、纵向移动、纵深推进等。调度方式设计是动态影像设计中必不可少的，借此展示大量的图文信息。多观察和积累调度方式，可以让我们留意到一些有借鉴性的运动设计方式。西班牙《Cosmopolitan》杂志的 5 周年活动片头，始终以画面中某一点为圆心，周围物体围着旋转为主要的运动调度方式，如图 0-16 所示。

图0-16

如图 0-17 所示，这是笔者于 2005 年在一家公司实习（电视频道包装行业公司，服务于上海的电视台）时的照片。

图0-17

以上分析框架是笔者从真正的创作者角度去梳理的，带着这套分析框架，笔者同样可以分析和回答自己创作作品时的问题，你的作品要做的品种是什么？创意是什么？视觉风格是什么？运动形式是什么？再把海量的总结出来的手法往里面套，作品创作便不再是毫无头绪了。

笔者在2006—2008年任教于川音成都美术学院，我们这一代人正赶上教育产业化和数字视频产业快速发展的大潮，实践机会很多。笔者于2008—2011年攻读四川大学研究生时，也没有停下边做创作，边在各个学校兼职教学的步伐（四川华新职业学院、四川音乐学院传媒学院、川音绵阳分校区、四川大学锦江学院），教学相长，不断提炼对数字视频制作有用的规律。这一套分析框架在当时就已经形成，已经能分析其他作品的某一个要素，进而编织自己的作品。笔者在2011年毕业时，创作了6个特效短片组成的《四川大学艺术学院 VI 片头系列》，这本质上是一个围绕机构品牌形象的包装，从各个角度自由发散创作。《七色油漆桶篇》中油漆桶下落带出七种颜色，分别代表艺术学院的七个系，最后各种颜色汇集为黑色，浇筑为 LOGO，如图0-18所示。

 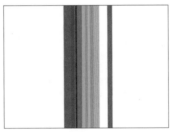 

图0-18

七种颜色代表内部七个部门，这个创意其实是笔者从分析《中国周刊》的一个包装作品中得到的启发，它的文案大概是：风景拥有七种色彩，旋律来自七个音节，算盘始于七个珠子，并在视频中列举了七星瓢虫、北斗七星等，最后是点题——中国周刊，记录七天一页的历史。这种创意方法符合广告中的"单一卖点原则"，类似于联想、引申、抓住主题物的其中一个特征（数字7）去放大，推广到万事万物，将这个特征重复强调很多遍，从而刻入观众脑海。

从技术上看，七色油漆桶篇的七个颜色竖条随机晃动的动画，可以用 After Effects 软件中的随机摇摆功能制作出来。这个系列中的所有短片，都用到了 3ds Max 和 After Effects，都是三维动画软件配合后期特效软件的产物，如图0-19所示。这套作品最终获得了两个比赛中的奖项。如图0-20所示。

图0-19

图0-20

　　2011年至今，笔者在四川音乐学院的数字艺术系和成都美术学院动画系任教，步入稳定的职业生涯。这些年钻研了不少技术，教授了不少课程，但一直围绕着两个轴线，一是数字视频制作，二是交互程序设计（网站、互动媒体），后者或深或浅地涉及了Android App开发、游戏开发、微信服务号开发、ASP.NET后端+HTML前端网站建设等领域。虽然看起来杂乱无章，但这两个轴线其实恰好是标准的数字媒体艺术专业所研究的东西，从中国传媒大学动画与数字艺术学院开始，到全国的各个院校，数媒专业大多数分为数字视频制作和交互程序设计这两类方向（以及游戏等），如图0-21所示。

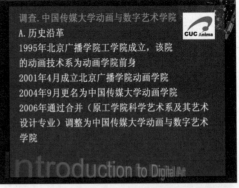
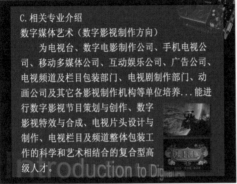
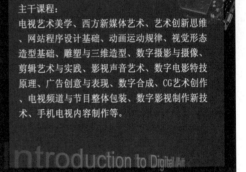
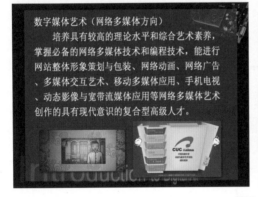
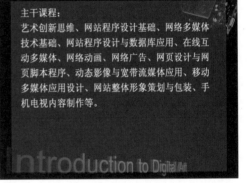

图0-21

　　这两类方向间有一种若即若离的联系，都具有技术与文化交织的属性，兼有传播内容与传播形式的打造，都是先进的数字传播媒介（视频，网络），这两大类技术之间也互相融合支持。这两类技术方向，均是当今的热点，在教学、竞赛、市场中都有广阔的施展空间。

　　回到视频制作领域，笔者在 2014 年之后制作了多个网络级动画 /MG 动画的商业项目如《新都区农村三资宣传动画》《东林丧葬公益广告动画》《什么是电力互感器监测智能终端》《旅游大数据科普动画》等，如图 0-22 所示。

图0-22

　　网络级动画/MG动画最早一般采用Flash软件制作，后来After Effects成为主流，原因是制作移动、旋转、缩放这些基本关键帧动画，很多软件都有此功能，差别不大，而After Effects还可以额外添加各种强大特效，并且通过Duik等插件专门解决二维人物骨骼绑定问题，基本胜任制作此类动画。笔者在近几年还摸索到了一套新流程，用智能动画软件制作人物，调用动作库，进行长时间说话讲解和简单动作的套路化制作，然后导出序列图。而After Effects这边的场景环境则是大量借用模板，快速得到各类精美场景和道具，极为取巧，这种流程操作商业项目效率惊人。笔者制作十三集旅游大数据系列动画时，平均两天完成一集。制作花絮如图0-23所示。

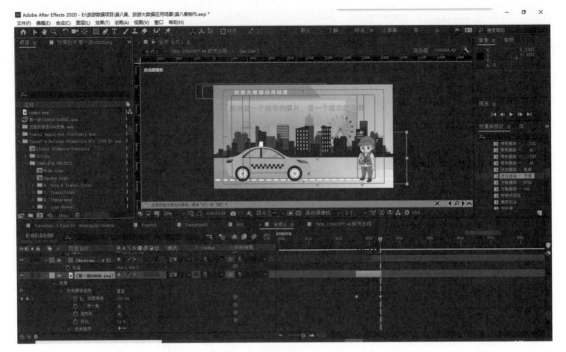

图0-23

如图 0-24 所示是笔者在朋友钱树平开办的公司迦南印象（Canaan Animation）考察，迦南印象也是一家制作 MG 商业动画的公司（现为成都地区知名的高端宣传片制作公司），他们操作 After Effects 制作动画也是极为熟练。MG 动画无疑也是我们学完 After Effects 之后的就业方向之一，MG 动画的概念可查看第 35 课。

图0-24

2020 年 5 月，在四川音乐学院携手 16 所高校出品的大型网络虚拟合唱《挚爱》视频制作项目中，笔者担任视频制作总监之一。此作品也在权威媒体央视频 App 播出，B 站播放地址为 https://www.bilibili.com/video/BV1g54y1q7pu/。网络虚拟合唱是近几年来国际上较新颖的一种艺术表现形式，是由参与者通过网络平台在统一要求下分别完成音频视频录制，然后经过后期修音、混音、音频合成、视频剪辑、视频合成与特效等工序才能完成最终的 MV 作品。本作品涉及作曲、指挥、声乐、合唱、录音艺术、数字影视专业、新媒体设计与制作多个专业，这也是四川音乐学院首次多学科多融合音乐作品创作，同时也是四川高校合唱团历史上规模最大的网络云合作，如图 0-25 所示。

图0-25

　　笔者几乎一手设计了整个视频制作流程，一人完成了视频主体的大部分制作工作。由于虚拟合唱或者云合唱，需要精准而大量的声画对位，调整 300 个以上视频中的人物口型与总体合唱声部的吻合，剪辑较为重要，我将本项目流程设计为 Premiere 剪辑先行，After Effects 合成断后：先由其他人员进行剪辑和声画对位工作，将这一烦琐的工作前置，得到剪辑好的多个（因为有不同声部、群组）Premiere 时间线，各个时间线内部声画已经整齐了，再导出到 After Effects 中（After Effects 菜单中有直接导入 Premiere 工程的功能），然后在 After Effects 中套模板，摆放人物位置。也就是第一步先让人把时间对齐问题解决了，我再来空间摆放，将两个重大技术问题分到两步中，以免混乱。工作花絮如图 0-26 所示。

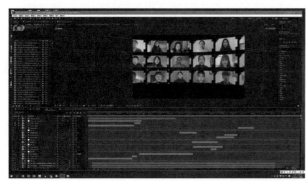

图0-26

　　2020 年后，笔者的作品以 VR 为主。有趣的是，笔者研究的两大轴线——视频和交互（游戏）都是可以 VR 化的，两个领域全都可以迎合时代趋势，做出新颖的作品。本书中也会提到此类技术。2020 年年底，笔者针对保护动物多样性主题进行了联想，很多科幻片中都有一种全息投影技术，而电影《异形普罗米修斯》中有一个投射全息影像的小方块也给笔者留下了深刻印象，如图 0-27 所示。因此得到灵感，即大学生在校园里手握一个魔方，投射出多种动物影像，为了和魔方造型匹配，动物也是由方块组成的抽象形态（3ds Max 制作）。于是在上课期间马上实施，拍摄加三维动画和后期特效，带领学生制作了一部 VR 视频短片《神奇魔方》，如图 0-28 所示。

图0-27   图0-28

　　该作品文案是这样写的：大学生们用一块神奇的魔方，从手中变出了各种动物，并充满爱心的看护着它们。仅仅是构成魔方的小方块，就能组合出栩栩如生的不同动物形象，这也折射了大自然中生物的奇异多姿。但是我们看到的，是否只是未来自然界中消失了的动物的幻影？它们是否真的还存在世上，能与我们一起奔跑？这取决于我们对生物多样性的保护决心。

　　本片荣获2020年"彩焕南云"探索计划——首届中国高校数字交互艺术大赛"创意奖"。也上传到了Veervr.tv这个国内主流的VR视频平台上，可以使用各类VR头显搜索观看。如图0-29所示。购买一个VR头显，体验VR视频、游戏作品，是从欣赏者到创作者的入门必经之路。

图0-29

　　2021年春，我在原有的游戏开发研究基础上（在淘宝、京东、当当几大平台搜索刘力溯，可购买我写的一本Unity基础教材），已经初步掌握Unity游戏开发中的VR技术，虚拟漫游、虚拟展示这些类型的项目都可以制作了。做这一类的项目，通用知识占主要部分，比如建模、材质、场景综合搭建，再结合目标平台（VR、手机、电脑）进行操作和发布上的适配。笔者参与指导的四川建筑职业技术学院、成都农业科技职业学院两个团队，均获得四川省高职院校大学生虚拟现实设计与制作技能大赛的奖项，如图0-30所示。

图0-30

2021年7月，笔者针对一个非常喜欢的四川名胜古迹，拍摄制作了一部VR视频短片《四川最美古宅——陈家桅杆》，如图0-31所示。2021年该作品获得了第六届中国VR/AR创作大赛交互单元单项奖。该赛事由北京师范大学新闻传播学院、中国网络视听节目服务协会、人民视频、北京师范大学数字创意媒体研究中心主办，并得到了VeerVR视频平台的支持，可以说是国内VR视频创作比赛中最专业、最权威的赛项。其他比赛像由计算机学会主办的那种VR比赛，更侧重的是游戏开发的交互方向，与视频是两个不同方向。

图0-31

本章进行了很多行业宏观、理论、跨界技术的介绍，但是归根溯源，还是要先扎实学好After Effects这个软件，将其作为个人的技术基本盘，才能稳步发展。最后附上一幅笔者在本校长期从事教学的课程《影视合成与特效1》与《影视合成与特效2》的课堂知识结构图，以After Effects软件各模块功能为主，本教材就是大体按这个思路编写的，如图0-32所示。

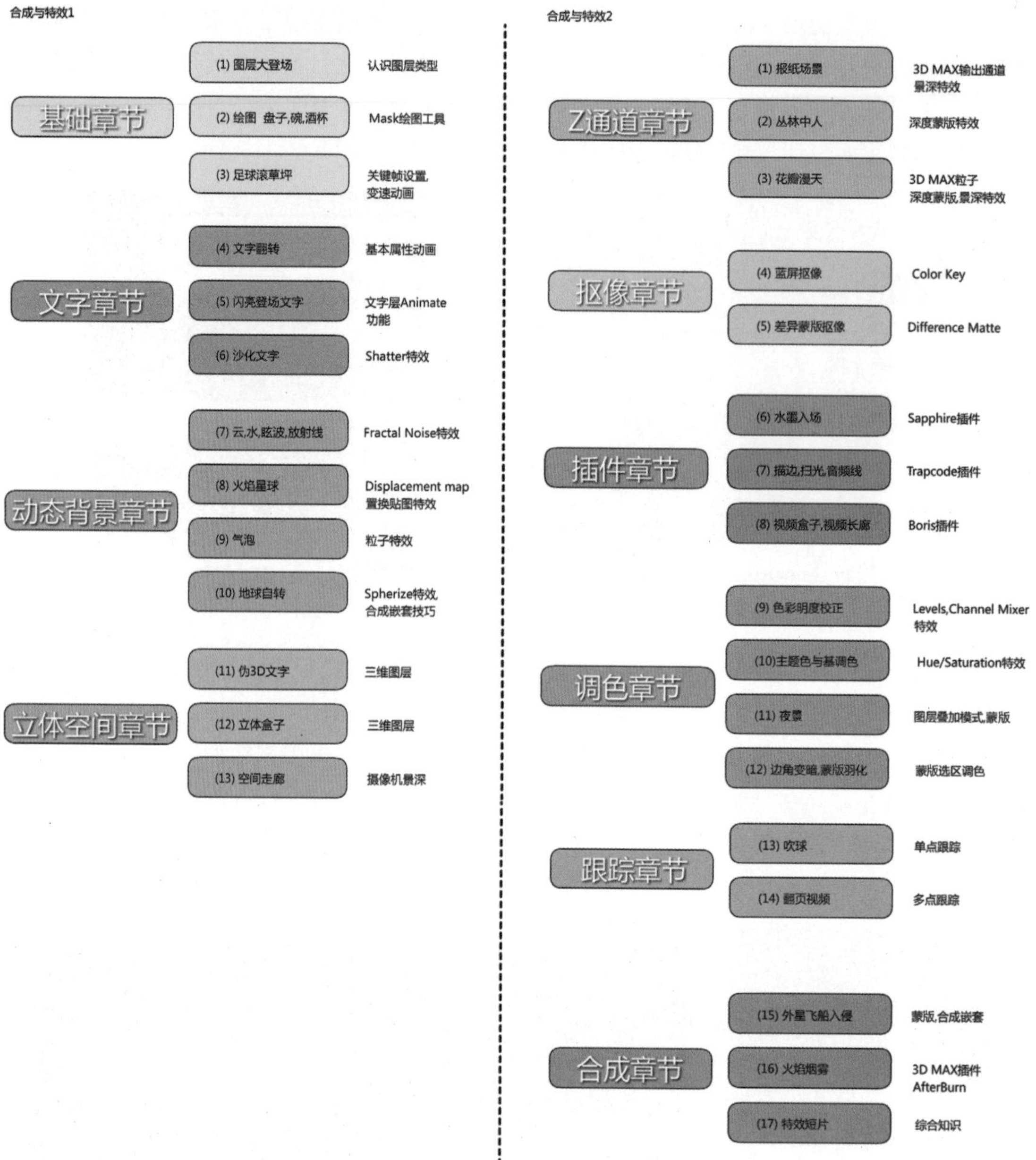

合成与特效1

基础章节
- (1) 图层大登场 —— 认识图层类型
- (2) 绘图 盘子,碗,酒杯 —— Mask绘图工具
- (3) 足球滚草坪 —— 关键帧设置,变速动画

文字章节
- (4) 文字翻转 —— 基本属性动画
- (5) 闪亮登场文字 —— 文字层Animate功能
- (6) 沙化文字 —— Shatter特效

动态背景章节
- (7) 云,水,眩波,放射线 —— Fractal Noise特效
- (8) 火焰星球 —— Displacement map置换贴图特效
- (9) 气泡 —— 粒子特效
- (10) 地球自转 —— Spherize特效合成嵌套技巧

立体空间章节
- (11) 伪3D文字 —— 三维图层
- (12) 立体盒子 —— 三维图层
- (13) 空间走廊 —— 摄像机景深

合成与特效2

Z通道章节
- (1) 报纸场景 —— 3D MAX输出通道景深特效
- (2) 丛林中人 —— 深度蒙版特效
- (3) 花瓣漫天 —— 3D MAX粒子深度蒙版,景深特效

抠像章节
- (4) 蓝屏抠像 —— Color Key
- (5) 差异蒙版抠像 —— Difference Matte

插件章节
- (6) 水墨入场 —— Sapphire插件
- (7) 描边,扫光,音频线 —— Trapcode插件
- (8) 视频盒子,视频长廊 —— Boris插件

调色章节
- (9) 色彩明度校正 —— Levels,Channel Mixer特效
- (10) 主题色与基调色 —— Hue/Saturation特效
- (11) 夜景 —— 图层叠加模式,蒙版
- (12) 边角变暗,蒙版羽化 —— 蒙版选区调色

跟踪章节
- (13) 吹球 —— 单点跟踪
- (14) 翻页视频 —— 多点跟踪

合成章节
- (15) 外星飞船入侵 —— 蒙版,合成嵌套
- (16) 火焰烟雾 —— 3D MAX插件AfterBurn
- (17) 特效短片 —— 综合知识

图0-32

第 1 章　基础操作

学习目的

快速熟悉 After Effects 的界面，掌握合成、图层的创建，遮罩与绘图、基础关键帧动画的制作方法。熟练使用工具，能够开始由静到动的制作内容。

本章导读

AE 第 1 课
After Effects CC 2020 界面概览

1. 理论知识：软件界面概览

安装好 After Effects CC 2020 后，启动软件。软件界面大致如图 1-1 所示，包含了一些最基本的窗口。

和很多的视频制作软件一样，After Effects CC 2020 也是在左上角的项目窗口中，导入和存放素材信息，可以在项目窗口中"名称"下方的空白处双击，或者直接按快捷键 Ctrl+I，便可以弹出导入素材对话框。导入后的素材，可以单击项目窗口下方的新建文件夹按钮█进行分组存储。另外，导入的素材仅仅是其链接信息，如果素材的位置有变化，或者素材在 After Effects 以外被意外删除，那么这个素材就会显示丢失。对于丢了的素材，一般我们要在素材名称上右击，选择弹出菜单中的"替换素材"把它找回来或者替代。

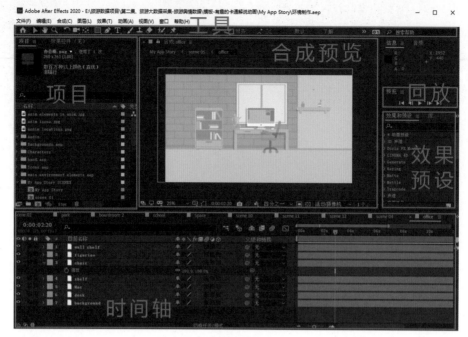

图1-1

下方的时间轴窗口，是我们的主要编辑区。After Effects 是图层式合成软件，而不是 Nuke 这种节点式合成软件，因此组成最终视频作品的所有内容，都要以图层形式排列在此。而编辑后的结果，则显示在上方的合成预览窗口中。另外提醒读者的一个小细节是，我们上课时学生经常会手误，双击了某一个时间轴中的图层，这时上方的合成预览窗口位置，会弹出一个图层预览窗口，其中看到的只是单个图层的内容，而不是所有图层加总后的合成总效果。图层预览窗口除了在制作跟踪功能时，一般没什么用，弹出来了就将它关掉，并尽量避免在时间轴中双击某个图层的操作（正常的合成预览窗口，左上角显示的是合成 XXX，而图层预览窗口显示的是图层 XXX）。

顶部的工具窗口（或者叫工具栏）中有选择工具、手形拖动工具、遮罩工具（分为钢笔和矩形两类）等。右侧的回放窗口用于进行播放、逐帧前进后退等，起预览查看的作用。效果 & 预设窗口中有大量可用效果和预设。所有的窗口都可以在"菜单→窗口"中找到并打开。

2. 范例：保存自己的工作区

（1）范例内容简介：将自己的常用窗口打开，将当前的工作区加以保存。下一次如果窗口找不到了或者窗口位置放乱了，可以快速地还原为上一次保存的工作区。

（2）具体操作步骤：

每一个窗口的大小、位置都可以用鼠标拖动去调整，也可以在"菜单→窗口"中打开或关闭，比如效果控件（Effects Control）这个窗口，在工作中调效果参数时还是很常用的，可以把这个窗口放在自己喜欢的位置。一旦将各个窗口调到一个最理想最适合自己习惯的位置后，就可以选择"菜单→窗口→工作区→另存为新工作区"，将工作区布局保存下来，如图 1-2 所示。

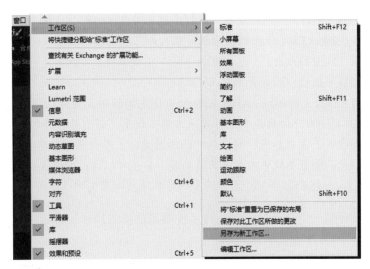

图1-2

保存的名称可以是自己名字的缩写，比如笔者就保存工作区为lls。下一次再选择"窗口
→工作区"时，则会出现一个lls的布局，通过单击就可以还原上一次保存的窗口布局，如图
1-3 所示。

图1-3

AE 第 2 课 图层类型

1. 理论知识：认识 8 种图层类型

在 After Effects CC 2020 中，将素材从项目窗口中拖入时间线窗口，这个素材就成为一
个"图层"。在时间线窗口中叠放次序靠上的层，就位于空间中的"前方"；叠放次序靠下的层，
位于空间中的"后方"，可以用鼠标拖动来调整图层顺序。除了这种素材性质的图层，After
Effects 还可以创建其他几种类型的图层。After Effects 的图层类型包括：

- 素材层：泛指素材拖入时间线后形成的图层，可以是视频、图像或音频层。
- 文字层（Text Layer）：可编辑文本层。
- 固态层（Solid Layer）：方形的单色图层，又称为实心层。可以充当背景底色，也可以选
  中已经创建的固态层后，用遮罩工具如钢笔、矩形等，在上面绘制出各种需要的图形。
  可简单理解为一种画图层。

- 照明层（Light Layer）：即灯光层，以灯光对象为内容的图层，包含专门的灯光参数。
- 摄像机层（Camera Layer）：以摄像机对象为内容的图层，包含专门的摄像机参数。
- 空白对象层（Null Object）：也叫空物体层，空物体的主要作用是一对多地控制其他图层的移动、旋转等属性，而自身不显示。
- 形状图层（Shape Layer）：After Effects中传统的绘图方式是在固态层上绘图，后来在After Effects CS3中开始出现一种用遮罩工具如钢笔、矩形等直接描绘，从而创建"形状层"的绘图方式，意在取代"固态层"的绘图功能。形状层可以单独设置笔触（Stroke）和填充的颜色，并且参数中有很多高级功能，甚至可以做出类似线条生长的动画。
- 调节层（Adjustment Layer）：主要用于一对多地控制其下方图层的色调、明度等属性。

下面我们就来制作一个简单的实例，将多种类型的图层加以综合运用。

2. 范例：图层大登场

（1）范例内容简介：用文字层、固态层和形状层创建内容，摆放出一幅静态构图，再用照明层、摄像机层和调节层对画面加以修饰。

（2）影片预览，如图1-4所示。

（3）制作流程和技巧分析，如图1-5所示。

图1-4

图1-5

（4）具体操作步骤：

首先新建项目，然后在项目窗口空白处右击，在弹出的小菜单中选择第一项"新建合成"新建一个合成，合成名称为"图层大登场"，选择制式为 HDV 1080 25，时间长度为 5 秒。如图1-6所示。

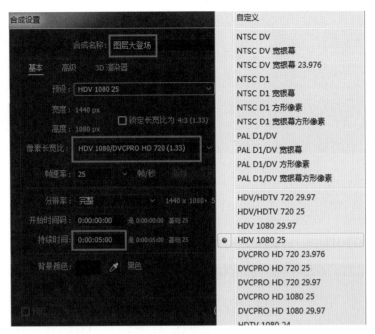

图1-6

合成设置该采用什么样的视频规格，完全由制作需求决定。在近年来的教学中，笔者更多采用的是预设"自定义"，宽度1920，高度1080，像素长宽比"方形像素"，长度10秒（推荐）。这一组参数设置是比较标准的全高清规格，可以在一门影视后期课中的大部分例子中通用。图1-6中的画幅也是全高清的，虽然是1440像素的宽度，但其横向像素较宽，因此乘以像素宽高比后，实际画幅也达到了1920×1080，但相比来说方形像素更好。

在时间线窗口中空白处右击，在弹出的小菜单中选择"新建→文字层"，创建我们所需的第一种类型的图层——文字层，如图1-7所示。

图1-7

文字层建立好之后，合成（预览）窗口中出现了输入光标，可直接用键盘输入文字内容。这时如果不输入文字内容，在任何时候都可以通过双击文字层名称来重新激活输入光标。我们输入"刘力溯（换行）After Effects影视特效讲堂"。

在文字层输入文字内容时，After Effects会自动弹出"文字（Character）"面板。保持文字层为选中状态，然后在"文字"面板中设置字体为"华文隶书"（或者隶书，读者自定），颜色为白色，字号为143，行距（指上下行间距）为313，字距（指左右字间距）为13，如图1-8所示。效果如图1-9所示。

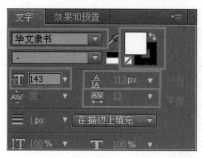

图1-8

图1-9

接下来我们尝试使用"固态层"和"形状层"创建文字底板。在时间线窗口中空白处右击，选择"新建→固态层"，在弹出的固态层设置窗口中，将这个固态层的颜色设置为红色（十六进制颜色代码为#FF3D3D），如图1-10所示。

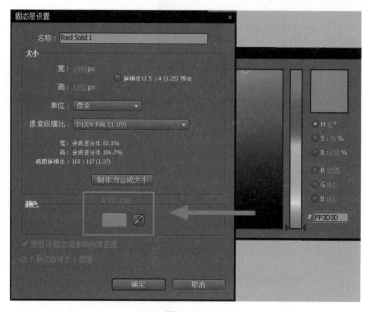

图1-10

固态层的大小一般默认为与当前合成相等，所以创建出来的红色固态层覆盖满了合成画面，用鼠标拖动固态层四个角的控制点（位于屏幕边缘）的其中一个，将固态层的尺寸手工缩小为约一个文字大小。注意，将该红色固态层的图层叠放顺序调整（拖动）到文字层下方，形成底板效果，如图1-11、图1-12所示。

图1-11

图1-12

同理，创建三个不同颜色的固态层，将它们的颜色分别设置为蓝色（#1E8FA4）、黄色（# E4EE4C）、绿色（#428F3D），在合成窗口中手动调整它们的尺寸和位置，使其成为整体构图的一部分。第四个层我们采用"形状层"的方式制作：使用工具栏中的矩形遮罩工具

图1-13

，直接在合成画面中拖出一个大小、位置合适的矩形，这相当于创建了一个形状层。保持这个形状层为选中状态，然后在工具栏中设置颜色为紫色（#703C69），描边宽度为0px，效果如图 1-13 所示。

在本书中对于颜色、字体、甚至摆放位置这一类的非核心参数，读者都可以发挥创造性自由设置，不必完全照搬范例。

我们已经用文字层、固态层和形状层轻松地组织出了一幅构图，下面再利用照明层、摄像机层、调节层的特性，对其施加影响，制造出更具"空间感"的效果。

还是在时间线窗口空白处右击，选择"新建→灯光"创建出一个灯光层（会有一个警告框弹出，意为灯光层必须作用于三维图层，这个问题留待下一步解决）。

在时间轴窗口中，找到刚刚建立的灯光层，单击灯光层前边的小三角按钮，展开该图层的"属性"，再展开灯光选项，确认各项参数设置如图 1-14 所示。

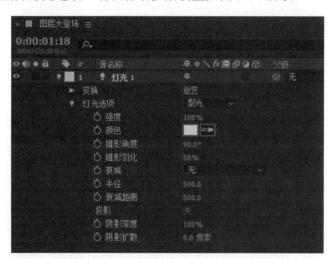

图1-14

- 强度：（光照的亮度）为100%。
- 颜色：（光源的颜色）为浅黄#FFF775。
- 锥形角度：（光的照射范围）为90°。
- 锥形羽化：（光照范围边缘的柔化、过渡程度）为50%。
- 投射阴影：（可在受照射的后物体上投下前物体的阴影）关闭。
- 阴影暗度：（阴影的亮度）为100%。
- 阴影扩散：（阴影边缘的柔化、过渡程度）为0像素。

要让灯光"见效"，还需要打开所有受照射层的"三维图层开关"。因为 After

Effects 中规定照明层和摄像机层只能作用于三维图层，对非三维图层无效，所以我们要单击激活所有图层后面的图标 ，将它们全部转换为三维图层，如图 1-15 所示。

课堂上同学们还经常遇到一个问题——在所示的位置找不到三维图层开关。这是因为 After Effects 时间线窗口比较拥挤，因而将一些功能分别收纳在了几种"模式"中，读者可以单击时间轴窗口底部的几个模式切换按钮 来切换模式，找到三维图层开关。

在合成预览窗口中手工调整灯光的各个方向手柄，移动光源位置；还可以试着移动灯光前方那个小小的目标点，从而改变灯光朝向，最后使画面整体光照效果达到满意的状态，如图 1-16 所示。

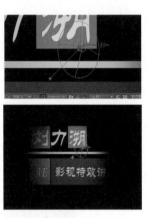

图1-15 　　　　　　　　　　　　　　　　图1-16

下面来制作摄像机层。在项目窗口空白处右击，选择"新建→摄像机"，弹出摄像机设置窗口，如图 1-17 所示。

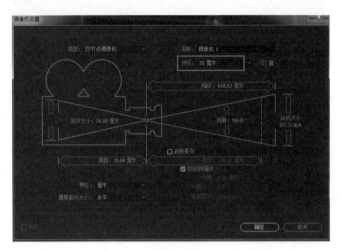

图1-17

这个窗口反映出 After Effects 中虚拟摄像机的设置，严格参照了真实摄像机的技术参数，使设计师可以将实际摄像的经验原封不动地运用过来。那么对数码设计师和所有影视从业人员来说最应该了解的一些摄像经验是什么呢？下面进行介绍。

① 视角决定透视：上图中摄像机的"视角"与最后得到的画面透视感相关联，在实际摄

影摄像中，宽广的视角（度数越大的）允许摄像机近距离拍摄对象，从而得到透视感强烈、近大远小明显的画面，笔者习惯称其为"广角透视"，如图 1-18 所示。而狭窄的视角（度数越小的）往往迫使摄像机退到远距离拍摄对象，得到透视感弱化、比例匀称的画面，笔者习惯称其为"长焦透视"，如图 1-19 所示。透视本质上其实是由距离决定的。感兴趣的读者可以自己研究一下这个问题，它在影视创作中很基础又很重要，是操控画面构图的有力手法。

② 焦距决定视角：图 1-17 中偏左的"焦距"，指摄像机中的成像装置（CCD）与镜头（通光孔）之间的距离。就像人走到窗边就能看到更宽广的景色，而远离窗边只能看到一点点天空的道理一样，焦距越短视角越大，焦距越长视角越窄，焦距与视角成反比。焦距参数和视角参数因此是联动的，而图 1-17 中我们选择的焦距暂定为 35mm，与实际摄像领域中的道理一样，35mm 焦距，其得到的视角与人眼的观察范围宽度差不多一致，接近人眼视域，显得较为自然。本例中我们可以自由调节焦距或视角，有时候影视中需要强烈一点的透视变形来制造宏大感和冲击力，我建议此例中可以试着加大视角或缩短焦距，形成广角透视。每一个美术类和影视类专业的学生，在上学期间都一定要把上述问题彻底想明白。

图1-18

③ 胶片尺寸决定视角：胶片幅面越大所收入的景物越多，因此与视角成正比。

④ 景深：景深是指摄像机"焦点"前后的清晰区域。大景深就是说焦点前后纵深方向上的清晰范围较大，焦点前后的物体基本同样清晰；小景深就是说焦点前后清晰范围很小，物体只要离焦点稍微远一点或近一点，就虚化了，又称为"焦外模糊"。景深又与几个技术参数关联：光圈越大，景深越小；焦距越长，景深越小；拍摄距离越小，景深越小；本例中没有去激活和设置景深，这个知识在后面章节中会讲到。

图1-19

本例中，此处我们无须将摄像机的参数设置复杂化，只需选择"预置"为 35mm 摄像机即可。

现在场景中有了摄像机层，这时顶部工具栏中的整合摄像机工具（Uniform Camera Tool）处于可用状态，这是一个方便使用者操纵摄像机的工具。选中整合摄像机工具，在合成画面中可做三种操作：第一，平移镜头，方法是点住鼠标中键不放，在画面中拖动；第二，旋转镜头，方法是点住鼠标左键不放，在画面中拖动；第三，推近或拉远镜头，方法是滚动鼠标中键。用这三种操作配合，将摄像机稍稍旋转

图1-20

一个角度，或移动、缩放，使构图更为立体，效果如图 1-20 所示。

最后一步，使用调节层。调节层添加到画面中后，可以用自身的光影色等属性去影响其下方的多个图层，达到一对多的批量调节效果。在项目窗口中右键选择"新建→调节层"，保持调节层位于顶层。我们可考虑为画面整体增加一点亮度和增加一个类似浮雕的"倒角效

果"，这些本来属于 After Effects 中"效果"部分的知识，这里我们可以直接调用某些"预置"来实现。预置只需添加给调节层即可。

单击选中调节层，打开效果和预置面板（菜单中的"窗口→效果和预置"），单击"动画预置前的小三角按钮▼展开动画预置→ Image-Creative"，找到"尺寸 - 斜面 + 阴影"和"对比度 - 明亮度"两个预置，分别双击应用它们，如图 1-21 所示。最后，试着在左上角的"特效控制台"窗口中，设置 Bevel Alpha 效果下的边缘厚度为 12，如图 1-22 所示。最终结果如图 1-4 所示。

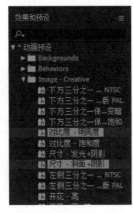

图1-21

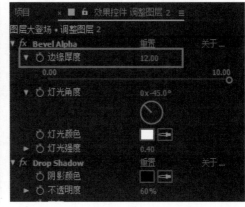

图1-22

AE 第 3 课
遮罩与绘图

1. 理论知识：蒙版（遮罩）

蒙版（Matte）与遮罩（Mask）是后期合成中的重要概念，是一种抠像技术。在 After Effects 中，当素材图层的某部分透明时，透明信息被存放在 Alpha 通道中。与 Alpha 通道类似，我们也可以使用遮罩来达到显示或隐藏图层的部分指定范围的效果，产生丰富的图层外边缘形状，将图层内容约束到边缘以内，可以理解为画轮廓，甚至进一步引申为画图。

遮罩的创建主要是采用绘制路径或轮廓图的方式修改图层的 Alpha 通道，具体则是使用工具栏上两类工具来实现的：钢笔工具 和标准形工具 ，它们具有很大的灵活性和可操作性，在实际工作中主要有两大类的用途：一是绘制图形，图形可用于制作标志、节目菜单、栏目包装等；二是制作选区，可单独处理画面的局部或者限制素材的范围（类似抠像），是一种重要的合成手段。

2. 范例：一碗清茶

（1）范例内容简介：用"固态层 + 遮罩"的方式，绘制若干个图层组成茶碗，每个图层都需添加渐变色效果，使茶碗立体逼真。

（2）影片预览，如图 1-23 所示。

（3）制作流程和技巧分析，如图 1-24 所示。

图1-23

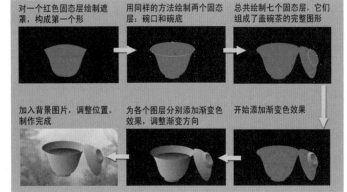

图1-24

（4）具体操作步骤：

新建项目，新建合成"一碗清茶"，合成设置如图 1-25 所示。

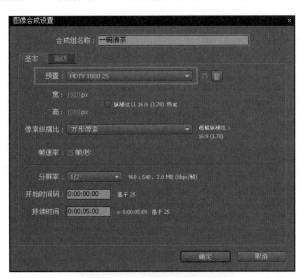

图1-25

After Effects 中绘制图形的方法是在形状层或固态层上绘制蒙版，这里我们使用固态层。在时间线窗口中右击，选择"新建→固态层"。固态层的颜色可以设置为鲜艳的大红色或者其他任意颜色（因为最后我们还要做渐变色填充，所以其初始颜色无关紧要），单击"确定"按钮新建"红色固态层 1"。选中"红色固态层 1"，按 Enter 键激活该层的名称输入框，修改该图层名称为"碗身"，如图 1-26 所示。

接下来对该层进行蒙版绘制。保持图层"碗身"为选中状态，选中工具栏中的钢笔工具，在合成窗口中绘制蒙版轮廓如图 1-27 所示，注意该蒙版共用了 ABCDEFGH 八个控制点来定义，除了 A 和 G 以外，其余六个控制点均是带手柄的曲线控制点。注意末端封闭。

图1-26

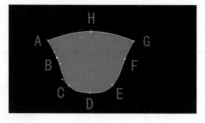

图1-27

很多美术类新生都不太习惯贝塞尔曲线作图方式，画出来的形状点太多，不简洁、不平滑；习惯使用直角点，而不太习惯绘制曲线控制点。笔者认为这种绘图方式对美术类专业学生来说应是一种基本功，贝塞尔绘图方式广泛用于 3ds Max 等许多软件中，因此要以图 1-27 的定义点方式为参考，适当进行这方面的练习。

怎样使用钢笔工具绘制蒙版

After Effects 中的蒙版其实可以看作是由一些线段和控制点构成的路径，线段是连接两个控制点的直线或曲线，控制点确定线段的开始点和结束点位置。绘制时每单击一下产生一个直角控制点，单击并拖动则会产生一个曲线控制点。曲线控制点通过拖动时延伸出来的控制手柄对曲线形状提供进一步的控制，手柄伸长或缩短可以改变曲线的曲率。这一套方法其实就是贝塞尔曲线的绘图方式，在所有图形软件当中都是共通的。

蒙版一定要是封闭的，没有封闭的蒙版可以看作是路径，开放的路径具有开始点和结束点，封闭的路径是连续的，没有开始点和结束点。直线就是一条开放路径，开放路径不能在图层上产生透明、挖空效果，但可以作为特效的参照路径使用，例如插件 3D Stroke（描边）特效就是沿着蒙版路径进行线条的生成。

使用钢笔工具可以制作任何形状的蒙版，包括直线或平滑流畅的曲线。钢笔工具提供了最精确的蒙版绘制手段。通过配合使用选择工具 ▶（快捷键 V）来拖动控制点或控制手柄，可以很容易地调整曲线的形状。也可以按住工具栏中的钢笔工具不松手，在下拉菜单中选择其他一些工具来使用，如图 1-28 所示。

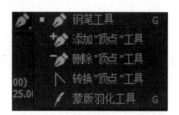

图1-28

添加顶点工具可以在路径上增加一个控制点，从而使路径有更多变化。删除顶点工具可以减去蒙版路径上的一个控制点，从而减小路径复杂度。用转换顶点工具去单击控制点，可以将曲线控制点转换为直角控制点，或者在直角控制点上拖动将其拉伸为曲线控制点。

接下来继续绘制茶碗的其他部分。当需要用到一个新的固态层时，大家的第一反应可能是再去新建一个固态层，这其实没有必要。当在 After Effects 中新建一个固态层之后，这个固态层不仅在时间线窗口中出现供我们使用，它还以素材的形式出现并存在了项目窗口中，成为一个可供我们反复使用的"源素材"。
如果接下来还是需要一个同样的固态层，大可不必
再去新建，直接拖用即可，这样做既减少了冗余素
材，又方便了项目管理，如图 1-29 所示。

　　将红色固态层拖入时间线窗口，放在图层"碗身"
的下方，按 Enter 键将其重命名为"碗底"。在合成
窗口中，用钢笔工具  对"碗底"绘制蒙版，使碗
底成形，位于碗身的下方，如图 1-30 所示。

图1-29

　　再次将红色固态层拖入时间线窗口，放在图层
"碗身"的上方，按 Enter 键将其重命名为"碗口"。
在合成窗口中，用工具栏中的椭圆形蒙版工具 对
"碗口"绘制一个椭圆形蒙版，位于碗身的上方，如
图 1-31 所示。

标准形工具

　　在 After Effects 顶部菜单栏中，钢笔工具旁边，
有一个标准形工具 （上一步骤中用到的椭圆形蒙
版工具就属于其中一种），按住不放可以弹出一个
下拉菜单，包含几种不同外形的遮罩工具，如图 1-32
所示。

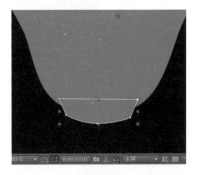

图1-30

- 矩形：绘制长方形或正方形蒙版。
- 椭圆：绘制椭圆形或正圆形蒙版。
- 圆角矩形：绘制圆角矩形或圆角正方形蒙版。
- 多边形：绘制多边形蒙版。
- 星形：蒙版的形状为星形。

钢笔工具

　　另一个小知识是，选择工具栏中的钢笔工具，
并勾选工具栏中的"旋转曲线"选项 ，在
合成窗口中单击确立蒙版的开始点，然后单击并拖
动鼠标自由移动控制点的位置，可以创建出"曲线"
类型的蒙版。"曲线"与"贝塞尔曲线"蒙版不同
的是，"贝塞尔曲线"通过控制手柄确定蒙版弯角
处的曲率，而"曲线"是以控制点的位置来自动调
整路径的形状的。

图1-31

　　使用标准形工具和钢笔工具绘制不同形状的遮
罩图形如图 1-33 所示。

图1-32

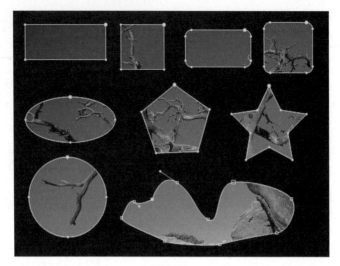

图1-33

下面我们来制作碗口当中茶水的水平面。其实可以画一个椭圆形蒙版了事，但不妨来尝试另一种方法——复制"碗口"并收缩。

在 After Effects 中任意区域的空白处单击（目的是取消选择），再选中图层"碗口"，按快捷键 Ctrl+D 复制一次，将复制出来的副本图层命名为"水平面"。此时时间线中的图层排列如图 1-34 所示。

选中图层"水平面"。从合成窗口中看，它与碗口的大小完全一致，我们要做的是利用遮罩扩展参数对其形体进行收缩，使它变成一个"小圆"从而被装在碗里。展开该层的图层属性，找到其蒙版参数组，或按键盘上的 M 键，快速展开图层的蒙版，单击小三角 ▼ 展开全部的蒙版参数。将"蒙版扩展"的值设置为 -50 像素，如图 1-35 所示。这实际上就已经收缩了该层形体的尺寸，只是由于颜色都为红色，在画面中暂时还看不到效果。按 Shift 键和方向键 ↓ 将该图层下移 10 像素。制作完成后我们会看到水平面的形态。

图1-34

图1-35

接下来制作盖碗茶的盖子，盖子是由三个图层构成的。从项目窗口中将红色固态层拖入时间线窗口，放在图层"水平面"的上方，重命名为"碗盖"。用钢笔工具对该层绘制蒙版，如图 1-36 所示。

将红色固态层再次拖入时间线，放在"碗盖"上方，命名为"盖顶"。用钢笔工具对该层绘制蒙版，如图 1-37 所示。

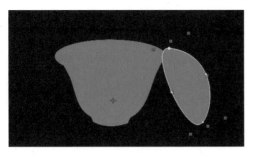

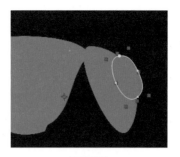

图1-36 图1-37

将红色固态层最后一次拖入时间线，放在"盖顶"上方，命名为"凹陷"。用钢笔工具
对该层绘制蒙版，如图 1-38 所示。时间线中的图层排列如图 1-39 所示。

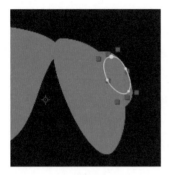

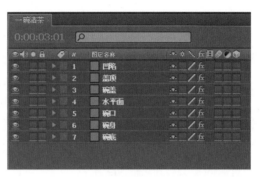

图1-38 图1-39

茶碗的形体绘制完成了，下面要为茶碗上色，方法是为每一个图层分别添加渐变色特效。

我们从最上面的固态层开始上色，选中图层"凹陷"，选择菜单中的"效果→生成→梯
度渐变"。这是我们第一次为图层添加特效（Effects）。在渐变特效的参数中，将渐变开始
色和渐变结束色分别设置为黑和白，再调节渐变开始点和渐变结束点的位置，模拟一种"受光"
和"背光"的明暗效果。参数设置如图 1-40 所示。

其他图层也是如法炮制。对图层"盖顶"、图层"碗盖"等分别添加渐变特效，每个图
层的渐变参数设置不同的是渐变开始点与渐变结束点的位置。通过在合成窗口中手动移动开
始点、结束点位置等方式，反转两个点的方向，模拟静物受光背光面的明暗过渡，如图 1-41
所示。

图1-40 图1-41

最后，选中图层"水平面"，将该图层的渐变特效参数中的开始色和结束色略作修改，使之呈现深绿色（茶的颜色），如图1-42所示。

导入本章素材图片"mountain.jpg"，放置在最底层做背景，略微调整其大小和位置，可自己把握。一幅栩栩如生的合成图像就诞生了，如本课开篇的图1-23所示。

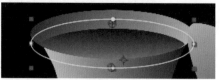

图1-42

AE 第4课
图层属性与关键帧动画

1. 理论知识：图层属性

After Effects CC 2020 中所有的图层都带有"变换"（Transform）参数组，其中包括如移动、旋转、缩放等控制图层基本状态的参数，可称之为"属性"或"基本属性"。单击任意一个图层左边的小三角按钮■展开详细设置，再展开变换参数组，可以看到这些基本属性，如图1-43所示。

如果图层打开了三维图层开关，被转换为了三维图层。那么各个属性就会增加多个涉及Z轴（前后方向）的参数，如图1-44所示。

图1-43   图1-44

下面简单讲解一下二维状态下的图层属性。

- 定位点属性（Anchor Point）：分为横坐标和纵坐标参数，可调整图层的"定位点"的相对位置，让定位点位于图层边缘、侧面、中心或图层以外任意位置。定位点主要是对图层的旋转结果有影响，图层的旋转总是以定位点为圆心进行的。

- 位置属性（Position）：分为横坐标和纵坐标，可调整图层的位置。

- 比例属性（Scale）：分为横向宽度值和纵向高度值，可调整图层的尺寸大小。当勾选了统一缩放（Uniform Scale）■选项时，图层保持等比例缩放；而取消统一缩放时，就可单独调整图层横宽或纵高了。

- 旋转属性（Rotation）：分为次数和度数，1次=360°，在做静态帧时只需调整度数即可让图层进行360°之内的角度变化；在做动画时就可以在结束帧上设置次数加度数，以控制动画过程中图层的旋转次数。

● 透明度属性（Opacity）：可控制图层从透明到不透明状态的百分比。

在实际操作中，为了快速展开某种属性，可以在选中图层的情况下使用快捷键：定位点快捷键为 A（Anchor Point），位置快捷键为 P（Position），比例快捷键为 S（Scale），旋转快捷键为 R（Rotation），透明度快捷键为 T（Transparency）。如果要同时展开多个属性参数，可以配合 Shift 键实现，即先打开一个快捷键，然后按 Shift 键同时按所要打开的快捷键即可。如需要同时打开位置和透明度参数，可先按快捷键 P，然后按 Shift 键并按 T 键，即可同时打开两个参数项。

接下来的知识开始涉及动画的制作。关键帧是合成及动画软件当中一个非常重要的概念，实际上可以理解为在关键时间位置处的属性或参数记录。要实现动画效果，至少需要两个关键帧，两个关键帧具有前后时间差且其参数值不同，这样才能反映出第一个关键帧到第二个关键帧的属性变化从而产生动画效果。After Effects 会在两个关键帧之间自动计算并插入中间帧。

图层的基本属性和特效的参数前面都有一个关键帧记录器图标（或称为秒表），如果要对该图层属性进行关键帧设置，单击图标，让它呈打开状态。这样 After Effects 会在激活关键帧记录器的同时，在时间指针所在的时间位置插入第一个关键帧；要添加第二个或更多关键帧，就不必再打开关键帧记录器，只需移动时间指针，在新的时间点改变参数，或单击关键帧搜寻器中间的添加图标即可添加新的关键帧，如图 1-45 所示。

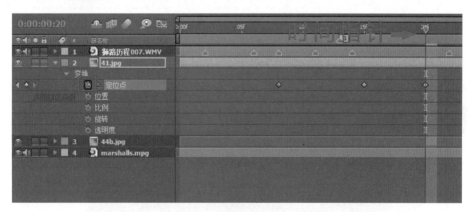

图1-45

拉长或缩短多个关键帧的时间间隔：如果要改变已设置好的一组关键帧（3 个以上）之间的时间间隔，首先选择这一组关键帧，然后按 Alt 键，左右拖动第一个或最后一个关键帧，即可平均改变这一组关键帧的时间间隔，如图 1-46 所示。

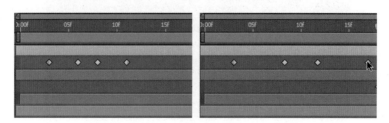

图1-46

接下来，大家跟着做一个范例来实践本节的知识点——图层属性与关键帧设置。

2. 范例：足球滚草坪

（1）范例内容简介：绘制一个足球，然后通过设置位置属性和旋转属性的关键帧动画，使它在草坪上滚动。

（2）影片预览：足球滚草坪 .wmv。

（3）制作流程和技巧分析，如图 1-47 所示。

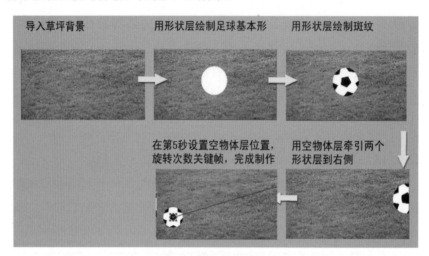

图1-47

（4）具体操作步骤：

新建项目，然后在项目窗口中右键选择"新建图像合成"，设置合成名称为"足球滚草坪"，预置为 HDTV 1080 25（全高清），时间长度为 5 秒，如图 1-48 所示。

图1-48

在项目窗口中右键选择"导入→文件",导入素材"glass.jpg"。将 glass.jpg 从项目窗口中拖入时间线窗口,成为一个图层。合成预览效果如图 1-49 所示。

图1-49

选择工具栏中的椭圆工具,如图 1-50 所示。在工具栏中设置填充色为白色,然后在画面正中绘制一个圆形(形状图层 1),如图 1-51 所示。

图1-50

图1-51

选择工具栏中的多边形工具 ,设置填充色为黑色。通过滚动鼠标中键放大合成预览窗口,在白色圆形正中绘制一个黑色五边形(形状图层 2),如图 1-52 所示。保持形状图层 2 为选中状态,我们再换一种工具继续绘制。选择钢笔工具 ,在足球的边缘附近继续绘制另外五个斑纹(仍然在同一层上)。注意这五个斑纹的形状接近于三角形,但底边在绘制时需要增加一个贝塞尔控制点,使之呈略微的曲线,如图 1-53 所示。

图1-52

图1-53

足球绘制好了。由于用到了两个形状层,为了在制作动画时使它们保持同步运动,需要用一个虚拟物体来"带动"和"牵引"它们。在时间线窗口空白处右击,选择"新建→空白对象"(Null 这种图层类型专门用来一对多地控制其他图层的变形,自身为一个透明方框,不显示外形),得到"空白 1"图层(空白对象层)。

为了稍后以正确的方式运动，最好先做好两个"对齐"。选择图层"空白1"，按快捷键 P 展开其位置属性，调整纵横坐标值，将画面中代表空白对象的那个小方框，对齐到足球的正中心；按快捷键 A 展开"空白1"的定位点属性，调整纵横坐标值，将其定位点对齐小方框的中心，这对制作旋转至关重要，如图 1-54 所示。

图1-54

现在来建立"空白1"与形状图层之间的关联。首先确认"空白1"在时间线窗口中的图层顺序，位于其他图层之上，这是建立链接关系的必要条件。如果不是，则可以选中"空白1"拖动到顶层。然后，在形状图层1和形状图层2的"父级"下拉列表中分别选择"空白1"做它们的父级，就完成了父子层级关联，如图 1-55 所示。

图1-55

最后在空白1上制作关键帧动画。将时间线指针拖放到 0 秒 0 帧位置，选中图层"空白1"，展开其变换参数组，激活位置属性和旋转属性前面的关键帧记录开关，调整位置坐标值，将空白1连同被它牵引的足球移动到画面最右侧。然后将时间线指针移动到最后一帧（4秒 24 帧），修改位置的纵横坐标值，使足球跑到左下方去，修改旋转的次数为 -1x，度数为 -179°，使足球边移动边旋转，很像在地上滚动的样子，如图 1-56 所示。

图1-56

范例制作告一段落后，我们来到本节的最后一个知识点。

关键帧插值

关键帧插值可以理解为是在两个关键帧之间通过数学运算实现更多动画变化的方法。简单地说，两个关键帧之间的参数变化默认是匀速的，而使用不同的关键帧插值方法可以实现参数变化速率的改变，比如渐快、渐慢，能更加逼真地模拟一些物理运动。

单击时间线窗口上方的最后一个按钮，会显示出关键帧插值示意图。这种示意图专门用来编辑关键帧插值和调校关键帧动画，也被称作"图表编辑器"（Graphic Editor），在三维动画软件中很常见。

现在，我们来简单调节一下刚才的范例"足球滚草坪"中足球的滚动速度，让它的速度逐渐变慢最后停止，使之更符合力学原理。在合成"足球滚草坪"的时间线窗口中选中图层"空白1"，打开图形编辑器，找到位置属性上的两个关键帧，分别右击这两个关键帧，并选择"关键帧插值",在弹出的关键帧插值面板中选择临时插值方式和空间插值方式均为"曲线",如图 1-57 所示。再调整曲线控制手柄曲率,以及压低结束关键帧,使曲线呈现如图 1-58 所示的状态。这样就能让位置移动速度逐渐降低。

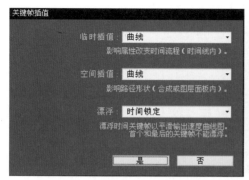

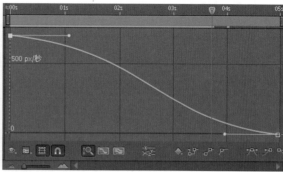

图1-57　　　　　　　　　　　　　　　图1-58

调整了足球的移动速度之后,再调整它的旋转速度。找到旋转属性的两个关键帧,也将它们的关键帧插值方式设置为曲线,然后将曲线的形态调整至图 1-59 所示。这样就能使旋转也呈现减速趋势。

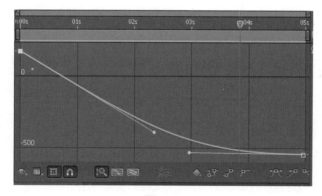

图1-59

第 5 课
时间轴中的素材剪辑技巧

理论知识:各种剪辑技巧

在后期软件分工中,Premiere 类型的软件侧重长时间节目内容的剪辑,而 After Effects 软件侧重短镜头内复杂层次的合成和特效的制作,但二者功能有一定重叠,都不可避免地需要处理一定时间内的素材剪辑问题。After Effects 的剪辑功能虽然不像 Premiere 一样强大,但也提供了类似功能和一些技巧,以下剪辑技巧是非常实用和必要的。

分离图层

分离图层就是将一个图层以当前时间指针为界，分离为两个或两个以上的图层，分离后的图层素材会自动首尾相连、无缝衔接，快捷键为Ctrl+Shift+D。用通俗一点的话来说就是"裁断""断裂"掉，使同一素材在时间上一分为二，便于前后段做不同的处理，如图1-60所示。

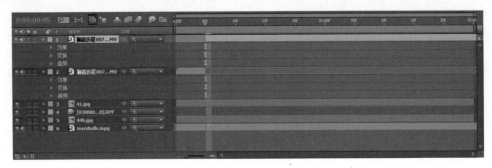

图1-60

提升工作区

提升（Lift）工作区就是将合成中设定的某段区域内的图层素材删除，同时留下删除后的空白区域。当选择目标图层时它可以对某个目标图层进行操作，而没有选择目标图层时则对合成中所有图层同时进行提升操作。确定了图层及工作区域后，选择菜单命令"编辑→提升工作区"即可完成操作，如图1-61所示。

图1-61

为什么叫作提升呢？因为Premiere和After Effects软件中有一个高效的工作流程叫作"粗剪"，就是先在项目窗口中双击某素材，弹出素材预览窗口，在其中以快捷键 I 设置入点，以快捷键 O 设置出点，进行节目的大体筛选剪辑，再以插入、覆盖两种方式将选中的片段填入时间轴，做更精细处理。"提升"是对应覆盖的反向操作，将当前内容从时间轴中又还给了源素材。

抽出工作区

抽出工作区操作与提升工作区域相同，只是它们产生的结果不一样。使用"抽出工作区"操作删除工作区域范围内的图层对象后不会留下空白，而是后面部分图层素材自动前移填补删除后留下的空白，是插入的反向操作，如图1-62所示。

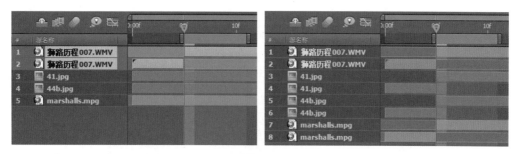

图1-62

设置图层出入点

方法是先将当前时间指针移动到某个需要设定的入点位置，再按快捷键 Alt+{；然后将当前时间指示器移动到某个需要设定的出点位置，再按快捷键 Alt+} 即可快速设置图层素材的入点和出点，如图 1-63 所示。

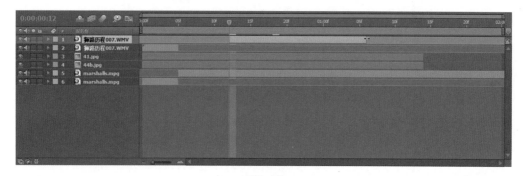

图1-63

AE 第 6 课
图层叠加模式

1. 理论知识：图层叠加模式的介绍

After Effects 的图层也具有与 Photoshop 相同的图层叠加模式（也叫图层混合模式）。图层叠加模式是实现影像合成的重要方式。设置叠加模式后，位于上方的层将使用某种计算方法与下方的层进行合成。要应用图层混合模式，首先在时间轴窗口中选中目标图层（位于较为上方的层，如果选择时间轴最底部的层，再往下没有可叠加显示的对象了，因此设置混合模式无意义），然后选择菜单中的"图层→混合模式"选择需要的模式，如图 1-64 所示。

图1-64

面对如此众多的图层混合模式，同学们应如何理解并记忆呢？我们必须抓住每一组混合模式的特性和效果：① 正常、溶解组，混合效果不明显，除非图层本身为半透明；② 变暗组，混合后效果为"加深"；③ 变亮组，混合后效果为"提亮"；④ 叠加组，双向叠加，两层之间亮部互相增强，暗部互相压暗，混合效果为加强"对比度"；⑤ 差值组，混合效果类似于"反相"，改变强烈；⑥ 色相位组，从颜色上改变；⑦ 模板 Alpha，近似于蒙版。掌握了大致的分组特性后，大家可以重叠两个图层，自行试验即可。

2. 范例：制作"荷塘意境"

（1）范例内容简介：将三幅图像素材借助图层混合模式相互叠加，组成一个合成画面。

（2）影片预览，如图 1-65 所示。

（3）制作流程和技巧分析，如图 1-66 所示。

图1-65

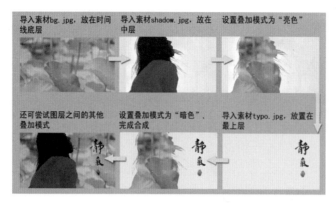

图1-66

（4）具体操作步骤：

首先在项目窗口中新建一个合成，设置合成名称为"荷塘意境"，视频制式为 HDTV 1080 25（全高清，同前），时间长度为 5 秒。

在项目窗口空白处双击，在弹出的导入文件窗口中导入本章素材"bg.jpg""typo.jpg"和"shadow.jpg"。将 bg.jpg 和 shadow.jpg 拖入时间线窗口，调整它们的顺序，如图 1-67 所示。

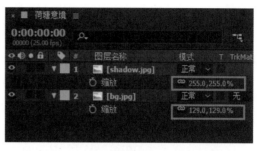

图1-67

从合成窗口中看，素材大小与屏幕并不匹配。分别选中两个图层，按快捷键 S 展开它们的比例参数，分别调整比例参数，使两个素材图像的大小与合成一致，如图 1-67 所示。

将图层 shadow 的图层叠加模式设置为"亮色"，使之与底层的图像 bg 产生混合，混合后的效果是人物好像被"穿透了"，看到了后面的景色（要设置图层叠加模式，不必非要去菜单中选择，在时间轴窗口中，就可以通过"模式"选项去设置，如果模式找不到，那就在最底部切换一下面板），如图 1-68 所示。

图1-68

我们再来为这幅画面加入书法文字。在项目窗口中将素材"typo.jpg"拖入时间线窗口，放置在最上层，调整其比例参数为 255%，设置图层叠加模式为"暗色"，如图 1-69 所示。

本例制作完成了。本例中通过采用图层叠加

图1-69

模式，让素材产生了类似蒙版的穿透效果，图层叠加模式会产生影像交融，实现绚丽的艺术风格。大家还可以尝试其他的叠加模式，比如将图层 shadow 的叠加模式改为"强光"或"暗色"，效果如图 1-70 所示。

图1-70

第 7 课
渲染输出影片

理论知识：输出单帧与渲染视频

在制作视频项目时，如果我们需要将时间指针所在的某帧的画面（一幅静态图片），用来查看效果、与客户沟通确认或者作为作品精彩截图保存时，就需要进行单帧输出。

首先在项目的时间轴窗口中，将时间指针拖到想输出的画面所在的那一帧，比如 1 分 10 秒 6 帧，如图 1-71 所示。然后选择菜单命令"合成→帧另存为→文件"，这一帧被添加到等待渲染的队列里了，在渲染队列（Render Queue）窗口里可适当确认参数，参数无误后单击"渲染"按钮即可，如图 1-72 所示。一般默认采用 Photoshop 格式作为图片输出格式，输出完毕后可以在 PS 中打开并转存为其他所需要的格式。

图1-71 图1-72

如果要把制作结果渲染为一段视频或者图片序列动画（由大量图片组成，但可以在其他软件中导入作为动画播放），首先应在时间轴中设定一下"工作区域"（Work Area），通过拖动工作区左右两端来框定范围，如图 1-73 所示。

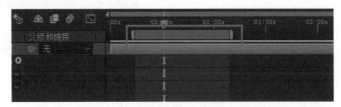

图1-73

选择菜单命令"合成→添加到渲染队列"，同样会弹出渲染队列窗口，可参照图 1-72。

其中有三排小蓝字，是需要确认参数的地方，一般需要修改的地方不多，但每次进行正式作品渲染前，最好还是要一一进行检查，笔者对其中重点总结如下。

（1）渲染设置。其中主要关注作品的渲染品质是否为最佳，分辨率是否为完整，保证为最好画质；渲染开始和结束时间，与工作区范围相同，也可单击"自定义"按钮修改，如图 1-74 所示。

（2）输出模块。其中主要关注的是下方的"打开音频输出"选项，After Effects 中如果内容带有音频层，就一定要打开音频输出，不然以默认的设置，很可能不会有音频。其次是格式，一般选择 AVI，因为前面提到，After Effects 这个软件在后期分工中主要侧重短镜头的精细化制作，不太会考虑长视频所必须考虑的格式压缩问题，多数情况下以 AVI 这种无损格式输出即可。输出之后，再使用其他的软件进行格式转换和压缩，如图 1-75 所示。

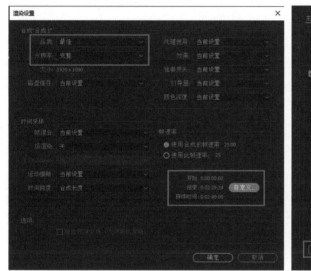

图1-74

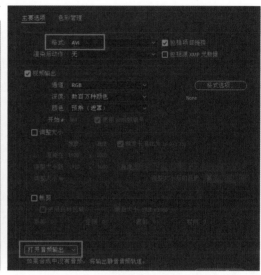

图1-75

在我们长期的高校教学实践中，都是让学生将 After Effects 作品渲染为 AVI，然后再用外部的软件转格式后，进行作业提交和保存。当今最优秀的、最常见的视频格式非 .H264 编码的 MP4 格式莫属，具有在线流媒体播放、清晰度高、体积小的优点，我们几乎所有的作品都用此种 MP4 格式长期保存。转换格式的软件有：Format Factory、Total Video Converter 等，但笔者发现用 Adobe Premiere 将 AVI 转换为 MP4 最为标准，以上三种软件都推荐大家使用。

（3）输出到。这个小蓝字参数很简单，选择渲染后的视频在计算机上的保存位置。

读者可以将本章中做过的比较满意的范例，进行单帧或视频输出。

第 2 章　文字特效

学习目的

在后期制作中，文字的处理是非常重要的内容，各种文字效果常被用到电视栏目 / 频道片头、电视广告等场景。本章将学习文字层的部分操作处理，掌握一些针对文字的特效创意方法，提升文字动画创作技能。

本章导读

第 8 课　文字翻转
第 9 课　倒影文字
第 10 课　沙化文字

AE　第 8 课
文字翻转

1. 理论知识：思路与技术分析

本课要做的文字效果，是模仿 1998 年的经典动画作品 Cowboy Bebop 的电影《天国之门》片头中的手法。本例没有添加任何的特效，纯粹是在图层基本属性中的旋转（Rotation）上设置关键帧，产生文字角度翻转的视觉效果。不过，每个文字翻转前的初始角度不同，形成一种有次序的翻转，如图 2-1 所示。

在各类动画创作中，如果众多元素做相似的运动，但是用初始状态的不同（比如角度差）或者时间错位这样的技巧，让它们依次做动作，这种艺术手法可以称之为"时间差动画"。

图2-1

2. 范例：文字翻转

（1）范例内容简介：制作类似电影片头中的文字效果。

（2）影片预览：文字翻转 .wmv。

（3）制作流程和技巧分析：制作文字层并转换为三维图层→分别制作每个三维图层在0~2 秒间的旋转属性的 Y 轴关键帧动画→使用合成嵌套，并且制作缩放动画。重点技巧：三维图层的旋转属性。

（4）具体操作步骤：

新建"合成 1"，制式为 PAL D1/DV，长度为 3 秒，如图 2-2 所示。

图2-2

本例将用 COW BOY 这 6 个字母模仿示例效果，为了让单个字母分别产生旋转效果，需要单独制作 6 个文字层。在时间线窗口空白处右击，选择"新建→文本"新建一个文本层，输入文字内容：C（大写）。 选中文字，在右侧的字符窗口中设置字体为"Fixedsys"，字体大小为 100 像素，填充色为白色，如图 2-3 所示。

按快捷键 A 展开文本层"C"的定位点属性，调整定位点的 X 坐标值和 Y 坐标值（参考数值为 25，-31），使定位点位于文字正中，这对旋转来说很重要，如图 2-4 所示。

选中文本层 C，按快捷键 Ctrl+D 将其复制 5 次，总共得到 6 个相同的文本层。按从上到下的顺序，依次修改第 2 至第 6 层中的文字内容为：O、W、B、O、Y（大写）。双击图层名称可修改其文字内容，如图 2-5 所示。

图2-3

图2-4

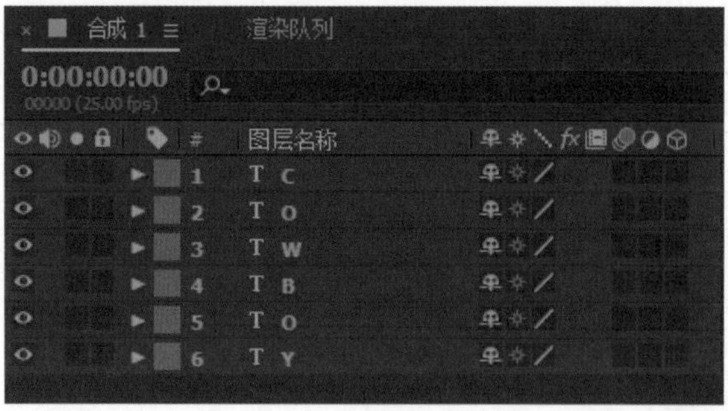

图2-5

6个文本层现在重叠在一起，使用工具栏中的选择工具 ▶，在合成预览窗口中将其分别选择并移动，摆出COW BOY的横句。为了进一步规范文字位置，在时间线窗口中全选6个文本层（可以按快捷键Ctrl+A），单击菜单中的"窗口→对齐"打开排列对齐窗口，分别单击"垂直居中"和"水平居中"按钮进行对齐。最后可适当拉开COW与BOY之间的间距，如图2-6、图2-7所示。

下面制作文字的旋转动画。先在时间轴窗口中，逐个打开6个文本层的三维图层开关 ☒。如找不到三维图层开关，可单击时间轴窗口底部的"显示隐藏模块"按钮 ☒，使该栏显示。

全选6个文本层，按快捷键R展开它们的旋转参数组。将时间指针拖动到第2秒位置，单击任意一层的"Y轴旋转"关键帧开关 ☒，统一记录下所有文字旋转的结束状态。然后将时间指针移动到第0秒0帧，自上而下分别设置文字层C、O、W、B、O、Y的Y轴旋转参数为-70°、-80°、-90°、-100°、-110°、-120°，记录下文字旋转前角度各不相同的状态，如图2-8所示。

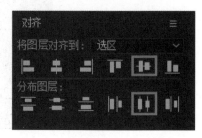

图2-6

图2-7

这样一来，所有文字层都是在2秒回正，但是开始时角度各不相同，这也能形成一种有次序感的时间差动画。这便是电影片头中的文字效果。

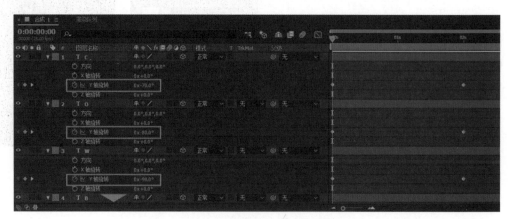

图2-8

在时间线窗口空白处右击，选择"新建→灯光"创建一个灯光层"灯光 1"，以增加文字的质感。展开该层的变换参数组，修改目标点（焦点）和位置的坐标参数，改变灯光朝向；展开"灯光选项"参数组，设置强度为 100%，颜色为白色，锥形角度为 120°，锥形羽化为 50%，如图 2-9 所示。

最后设置文字的缩放动画，这一步可使用"合成嵌套"的手法。在项目窗口的空白处右击，选择"新建合成"，名称为"合成 2"，设置与"合成 1"相同。这样我们的同一个项目下就有了两个合成，从项目窗口中把合成 1 拖入合成 2 的时间线，作为一个图层使用。

在合成 2 中选中图层合成 1，将时间指针移动到第 2 秒 24 帧，按快捷键 S 展开图层的缩放（尺寸）参数，单击比例前面的"关键帧"按钮 。将时间指针移动到第 0 秒 0 帧，修改缩放的值为 88。缩放关键帧动画制作完成。本例最后效果如图 2-10 所示。

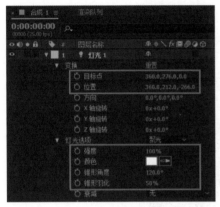

图2-9

图2-10

AE 第 9 课 倒影文字

1. 理论知识：思路与技术分析

After Effects 中的文字层，有一种 Animate 功能，方便我们制作较为复杂的文字动画。Animate 功能位于文字层下方展开后的参数中。笔者第一次学习 After Effects 时，感到这一块很复杂，但是通过多年教学，已将其梳理得很清楚了。Animate 中主要包含两种功能，一是文字逐字动画，二是文字随机动画。前者可以让一大段文字中的一个个单独的字，依次做出某种属性变化；后者可以让文字在属性上发生随机变化，从而产生乱晃、闪烁等效果。本例主要应用了前者。

2. 范例：倒影文字

（1）范例内容简介：制作一组依次弹跳并伴有水面倒影的文字。

（2）影片预览：倒影文字 .wmv。

（3）制作流程和技巧分析：制作"水面"背景和前景的文字层→用文字层 Animate 功能制作文字渐次弹跳的动画→用垂直翻转命令制造水面倒影。重点技巧：文字层的 Animate 功能；渐变特效。

（4）具体操作步骤：

新建一个项目，新建合成"合成 1"，制式为 PAL D1/DV，长度为 8 秒。

我们将在"合成 1"中先制作水面背景。在时间线中右击，在弹出的快捷菜单中选择"新建→纯色"，创建一个蓝色的固态层"水面"，单击"制作合成大小"按钮，使新建的纯色固态层大小与当前合成匹配，其参数如图 2-11 所示。

图2-11

用同样的方法再新建一个白色固态层"白底"，调整图层顺序到"水面"的下方。在合成预览窗口中，向下拖动图层"水面"，使其上边缘处于画面二分之一偏上，如图 2-12 所示。

图2-12

选中图层"水面"，选择菜单中的"效果→生成→梯度渐变（Ramp）"，从而为其添加了一种渐变色特效。添加后按快捷键 E，可以在时间线中该图层下方直接展开渐变参数组（快捷键 E 是在时间轴中，图层下方展开特效参数的快捷键，避免了层层展开的麻烦），设置"起始颜色"为青色（#48B4A3），"结束颜色"为白色。设置"渐变终点"的坐标值为（360，325），如图 2-13 所示。

合成预览窗口中的画面效果如图 2-14 所示。

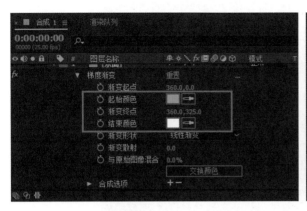
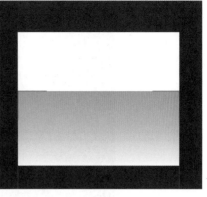

图2-13   图2-14

背景制作好了。接下来在项目窗口中新建一个合成"合成 2"，设置与合成 1 相同，仍然是 PAL D1/DV，长度 8 秒。

从项目窗口中将合成 1 拖入合成 2 的时间线（这里又使用了合成嵌套手法），按快捷键 S 展开该层的缩放参数，修改缩放的值为 120%。由于扩大了尺寸，"水面"看起来可能过于偏上，可在画面中将该层略微下移，使两色的交界线保持在画面二分之一偏上位置。

新建文字层，输入文字"REFLECTION"（意为反射）。保持该文字层为选中状态，在字体窗口中设置文字字体为 Stencil Std，字号为 50 像素，调整文字的位置使其紧贴"水面"，如图 2-15 所示。

图2-15

为文字层"REFLECTION"添加"效果→生成→梯度渐变"。按快捷键 E 展开"渐变"参数组，设置"起始颜色"为群青（#00328E），"结束颜色"为青色（#80D1C4），设置"渐变起点"的坐标值为（360，178）；"渐变终点"的坐标值为（360，328），以控制渐变填充的范围，如图 2-16 所示。

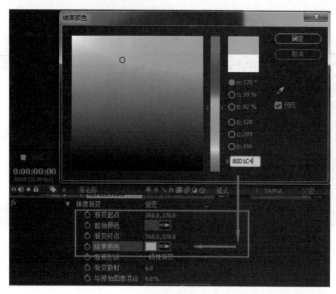

图2-16

选中图层合成1，调整图层顺序到文字层上方，修改图层叠加模式为"相乘"，如图2-17所示。

下面是本例的重点：制作文字渐次弹跳动画。After Effects 中的文字层有一种独特的"Animate（动画）"功能，可以对一段文本逐字地、依次地施加某种属性变化的影响，如透明、移位、旋转，从而制作出一种有序的文字动画，即渐次动画（也可以叫逐字动画）。

展开文字层"REFLECTION"下的"文本"参数组，单击右侧"动画"后面的小三角按钮▶，我们要做的是用文字的位移来模拟弹跳，所以选择"位置"，如图2-18所示。

图2-17

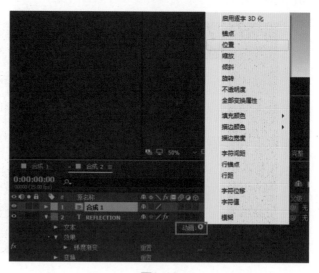

图2-18

至此增加了一个名为"动画制作工具1"的控制器。展开"动画制作工具1→范围选择器1"，这里的"起始"和"结束"参数决定了受影响的字符范围，默认即可影响文本中的全部字符；"偏移"控制渐次动画的方向顺序，每次必须对其设置关键帧，才可产生动画。在下面跟了一个刚才添加的"位置"属性，可设置文字渐次位移量；单击"添加"后面的小三角按钮▶还可以同时加入其他属性变化。

一个"动画制作工具"+多个属性，即构成渐次动画的控制形式，如图 2-19 所示。

图2-19

将时间线指针移动到第 1 秒，打开"偏移"和"位置"前面的关键帧开关；将指针移动到第 2 秒，修改位置的值为（0，-135）；将指针移动到第 4 秒，修改偏移的值为 100%，位置的值为（0，0）。

以上设置偏移关键帧是做渐次动画所必需的例行程序，一般在 -100 到 +100 间设置。而设置位置的关键帧，可以让文字从平静到跳起再回到平静。

框选全部关键帧，按快捷键 Ctrl+C 复制，将指针放在第 5 秒，按快捷键 Ctrl+V 粘贴，使文字重复跳动两次，如图 2-20 所示。

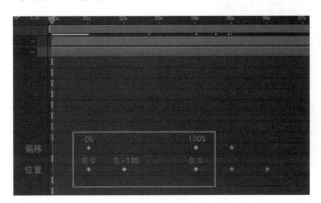

图2-20

文字开始渐次弹跳，如图 2-21 所示。

图2-21

选中文字层"REFLECTION"，按快捷键Ctrl+D复制一层，选中下面一层，选择菜单中的"图层→变换→垂直翻转"，文字倒影就被制造出来了。

镜像出来的该层"倒影"显得太实，我们可以为其添加一个羽化边缘的遮罩来虚化。保持倒影层被选中状态，单击工具栏中的矩形遮罩工具，在画面中绘制方形遮罩，并设置遮罩羽化值为150，效果如图2-22所示。

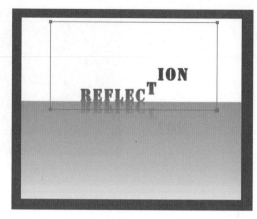

图2-22

至此读者应该已经掌握了文字渐次动画的制作方法和倒影的模拟方法。

还可选择再增加一个效果，让水面和文字一同荡漾起来，这就是"波形变形"特效。

分别选中合成2中的三个图层，为它们分别添加"效果→扭曲→波形变形"，设置波纹高度为5，波纹宽度为100，如图2-23所示。最终效果如图2-24所示。

图2-23

图2-24

AE 第10课 沙化文字

1. 理论知识：碎片特效

After Effects中有一种碎片特效（Shatter），可以让一个素材层，比如不透明图片或者文字层，产生自动碎裂的效果，碎片有很多形状可以选择。其中相对重要的参数有"半径"和"强度"，如果在半径或强度上设置逐渐增大的关键帧变化，就可以让素材从边缘开始，逐渐粉碎、瓦解或吹散在空中，这样就有了本例的效果。

2. 范例：制作沙化文字

（1）范例内容简介：在文字图层上运用"碎片"特效，使其呈现多种多样的破碎动画效果。

（2）影片预览：消逝 .mp4。

（3）制作流程和技巧分析，如图 2-25 所示。

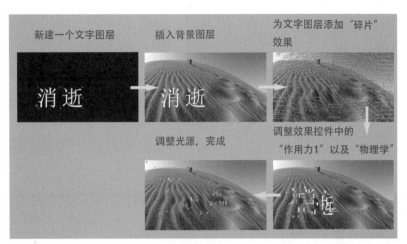

图2-25

（4）具体操作步骤：

新建项目，然后在项目窗口中右键选择"新建图像合成"，设置合成名称为"消逝的文字"，预置为 HDTV 1080 25（全高清），时间长度为 5 秒，如图 2-26 所示。

选择工具栏中的横排文字工具或者按快捷键 Ctrl+T 打开新建文字图层，也可以在菜单栏打开"图层→新建→文本"来新建文本图层按快捷键 Ctrl+Shift+Alt+T，文本图层会默认以输入文字为名，如图 2-27 所示。

图2-26

图2-27

在项目窗口中右键选择"导入→文件"，导入素材"desert.jpg"。将 desert 从项目窗口拖入时间线窗口，作为背景图层，如图 2-28 所示。合成预览效果如图 2-29 所示。

图2-28   图2-29

选中文本图层，右键选择"效果→模拟→碎片"，或者选中文本图层后在菜单栏选择"效果→模拟→碎片"，如图 2-30 所示。需要注意的是，添加效果后要将"碎片"下的子控件"视图"从"线框正视图＋作用力"切换到"已渲染"，如图 2-31 所示。否则添加的效果不可视，并难以调整，如图 2-32 所示。

图2-30

图2-31   图2-32

在能看见渲染后的效果后，我们的细化调整会变得更加直观，可以看出现在的效果可以进一步细化，在"效果控件"下的"碎片"的子控件可以进行更细致的调整，如图 2-33 所示。

在"作用力 1"与"作用力 2"中选择"作用力 1"（"作用力 2"默认半径为 0，不发挥作用），调整它的位置，可以单击"位置"一栏的蓝色数字，输入指定坐标，也可以单击■按钮手动放置位置锚点，更便捷直观，如图 2-34 所示。

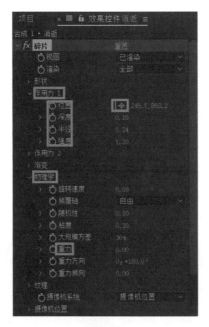

图2-33   图2-34

确定作用力锚点之后，进一步调整力的强度和作用半径，强度决定碎片飞离的加速度大小，半径确定文字破碎的范围。然后调整物理学中的一系列控件，重力是最重要的一个，它决定碎片所受到的重力大小，它可让碎片像石头般沉重落下得更快，也可以让碎片似羽毛般轻盈飞得更远，如图 2-35、图 2-36 所示。

图2-35   图2-36

在效果控件的形状一栏中可以定义碎片的形状，如图 2-37 所示。通过修改重复数值可以改变碎片的大小，使碎片效果多种多样，像破碎的木板，如图 2-38 所示。像细腻的黄沙，如图 2-39 所示。

图2-37   图2-38   图2-39

接下来制作风带走沙砾的消逝的感觉。首先把重复值（英文版中叫 Repetition）调到最大，大约为 200（注意，重复值越大时，渲染所需的算力也需要更大，如果电脑反应较慢，也可适当减小）。把重力（特效内部的参数组物理学→重力）调得极小，比如 0，使沙子不会往下掉，而是向右边吹散。将作用力 1 的位置调整至画面左侧，作用力 1 类似于一个吹风机，我们通过位置设置把它摆到画面左边，甚至画外，使这个吹风机一开始吹不到文字，但随着作用力 1 的半径加大，逐渐就可以吹到了，形成逐渐吹散的效果。因此，本例接下来的关键步骤就是，将时间轴指针移到大约一秒位置，单击"半径"左边的 ⏱ 按钮，给半径打上第一个关键帧，如图 2-40、图 2-41 所示。再将时间指针移动到第五秒末（第六秒初），增大半径数值，直到画面中的文字全部被吹散为止，这样第二个关键帧就设置完成了，如图 2-42 所示。设置好的关键帧可以在时间线上以一个点显示（按快捷键 U 显示所设的所有关键帧）。

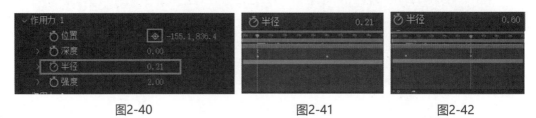

| 图2-40 | 图2-41 | 图2-42 |

最终呈现风从侧面将沙砾带走的效果，如图 2-43 所示。

图2-43

如果重复值足够小（重复值小时，碎片大，灯光效果明显），可以接着根据背景光源调整灯光控件，如图 2-44 所示。背景中的光是太阳光，因为我们距离太阳过于遥远，以及人类过于渺小，我们可以近似地把太阳光当作是平行光，所以灯光类型我们选择远光源，调整强度到合适的范围，过弱时文字变为剪影，过强时文字变为纯白色，如图 2-45、图 2-46 所示。因为太阳光偏暖光，所以将灯光颜色取一个偏暖的颜色。可以看见太阳在背景左上角的位置，与上文中调整作用力位置相同，将灯光的位置锚点置于左上角。

图2-44

图2-45

图2-46

灯光位置确定之后，继续调整"灯光深度"控件，可以将其看作是在电脑屏幕上的平面坐标系且向垂直屏幕方向延伸一条坐标轴。现在灯光的位置是在一个三维空间中，深度控件就是用来确定灯离文字的距离的，在图中可以很清楚地看到碎片逆光、顺光的位置，如图2-47所示。

图2-47

第 3 章　动态背景

□ 学习目的

本章将主要学习非文字类的各类动态背景元素的制作。以各种方式生成的动态背景元素，可以用在我们的片头、广告、动画中起到衬托作用。

□ 本章导读

第 11 课
地球自转

1. 理论知识：思路与技术分析

本例主要运用到的一个特效叫作球面化（Spherize），可以让物体产生球形透视，形成凸出的感觉。如果在一幅世界地图上添加此特效，就可以让地图看起来像是太空中的星球。但是本例中还有一个更重要的技术难点，就是合成嵌套：在一个合成中，将另一个合成作为素材使用。根据 After Effects 软件的设计解释，合成嵌套可以改变、调整渲染顺序，比如一个图层中，正常是先渲染特效，再渲染运动。本例中就会遇到此种情况，我们如果在一个图层上添加了球面化特效，那么球形凸出部就会先附着在图层上，再跟着其一起位置运动，但我们想要的是球面化凸出部不随着图层运动，而是保持原位，这时就必须利用合成嵌套原理，先在第一个合成中做运动，再嵌套后添加特效，以隔离不同阶段的操作，改变渲染顺序，达到想要的效果。除此之外，合成嵌套还有对图层打包打组等作用，大家可以在今后的制作中慢慢体会其多方面的作用。

2. 范例：地球自转

（1）范例内容简介：以两幅静态图片为素材，用动画关键帧、合成嵌套、球面化特效、灯光层等手法，制作立体而逼真的地球自转动画。

（2）影片预览：地球自转 .wmv。

（3）制作流程和技巧分析：先做一幅平面图像的横移运动→使用合成嵌套手法→加上"球面化"特效→加上背景、灯光。重点技巧：合成嵌套；球面化效果。

（4）具体操作步骤：

新建"合成 1"（选择菜单中的合成，或者在项目窗口中右击，都可以打开"新建合成"对话框），制式为 PAL D1/DV，长度为 10 秒，如图 3-1 所示。随着时代的发展，视频画面的规格不断提高，从 SD（Standard Definition）标清，渐渐提高到了 HD（High Definition）高清为主流，所以对于书中的每个例子，读者也可以用 1920×1080，方形像素，25 帧每秒这种高清规格创建，取决于自己的需求。

图3-1

导入本节配套素材中的"map.bmp"，这是一幅卫星视角的世界地图。将图片 map 从项目窗口拖入时间线窗口，成为一个图层。选中该层，按快捷键 Ctrl+D 复制四次，总共得到五个图层，如图 3-2 所示。

图3-2

从合成预览窗口中看到图像无变化，这是因为复制前后的图层相互重叠了。通过调整它们的位置参数的 X 坐标值（也可以直接在合成预览窗口中拖动，或选中某个图层用键盘方向键加 Shift 键移动），将各个图层在水平方向上平移，使之左右相接，并且延伸出画面，如图 3-3 所示。

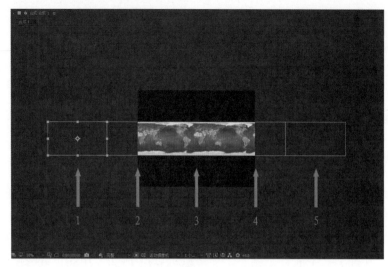

图3-3

新建一个空对象层,设置为所有图层的父级(在每一图层的"父级"项下拉列表中,选择"空1"),如图 3-4 所示。

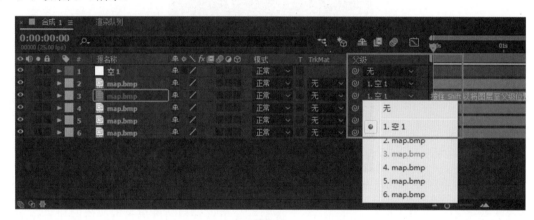

图3-4

选中图层"空1",按快捷键 P 展开其位置参数,在 X 坐标上横向拖动鼠标,就可以带动其他图层一同移动。在第 0 秒 0 帧将 X 坐标值设置为 -200,单击位置前面的秒表 🕐 (记录关键帧按钮)记录下当前状态,如图 3-5 所示。

图3-5

将指针移动到第 9 秒 24 帧,设置 X 坐标的值为 900,记录下一段平移动画。因为地球的自转方向是自西向东,所以移动的方向也是从左到右,如图 3-6 所示。

图3-6

以上我们完成了地图的横接与平移动画的制作，从而在 10 秒的片长内制造了地球往复自转的假象。接下来为平面的地图加入球面化效果以进一步模拟地球。

但是假如这时直接为某一图层添加"球面化"效果，产生的球形凸起会跟随着该图层一起移走，与最终效果相去甚远，这也是很多学生容易产生困惑的地方。我们必须再建立一个合成来嵌套合成 1，在新的合成中对合成 1 添加球面化特效。

新建"合成 2"，设置与合成 1 相同。从项目窗口中把合成 1 拖入合成 2 的时间线，这便是合成嵌套，或称之为复合时间线。我们之前的制作成果都被"打包"在合成 1 中。在合成 2 中对合成 1 添加新的特效，既可以对合成 1 的所有图层统一施加影响，又不会与合成 1 内部的一些动画设置互相干扰，如图 3-7 所示。

图3-7

选中图层合成 1，按快捷键 S 展开其缩放参数，将比例放大到 150% 左右。

对图层合成 1 添加"效果→扭曲→球面化"，设置球面化效果的半径参数值为 110。这样，原本为平面的地图，经过球面化的处理，由内向外产生了"突起"，具有了球形的透视效果，如图 3-8 所示。

图3-8

播放时间线，地图平移经过画面中心时被弯曲，特效与移动互不干扰。合成嵌套的这一特点，值得读者细心体会。

还要遮住球形以外多余的部分，以使"地球"具有一个圆形的轮廓。选中图层合成1，使用工具栏中的椭圆形遮罩工具，在合成预览窗口中绘制遮罩，使其大小刚好框住地球。如图 3-9、图 3-10 所示。

图3-9   图3-10

加入星空背景。导入素材图片"space.bmp"，从项目窗口将 space.bmp 拖到合成 2 的时间线中，置于最底层。

最后还可以锦上添花，加入灯光模拟阳光照射。首先，打开图层合成 1 的三维图层开关，如图 3-11 所示。

图3-11

新建一个灯光层（右键选择"新建→灯光"），展开建立的照明 1 的参数组，设置目标兴趣点的坐标值为（420，288，8），设置位置的坐标值为（450，288，-258）。

展开灯光选项参数组，可根据画面效果自由调节各参数。参考数值如下：强度为130%，颜色为#FFECC6，锥形角度为 80°，锥形羽化为 80%，如图 3-12 所示。

按快捷键 Ctrl+M 将合成 2 加入渲染序列，单击右侧的"渲染"按钮输出影片，效果如图 3-13 所示。

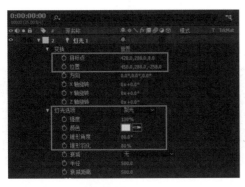

图3-12 图3-13

3. 知识延伸讲解

图层转换合成

在 After Effects 中，一个合成包含一条时间线，其中又有若干个图层。但我们可以把其中某个或某几个图层的所有内容（素材、属性、关键帧）转换为一个合成，使之成为一个拥有时间线和自身内部多个图层的"合成"，并与它原来所在的合成形成"合成嵌套"关系。

将图层转换为合成的方法是，选中一个或者多个图层后，选择菜单中的"图层→预合成"命令（或者按快捷键 Ctrl+Shift+C），在弹出的"预合成"对话框中，选择"保留"全部属性或者"移动"全部属性到新合成中，如图 3-14 所示。

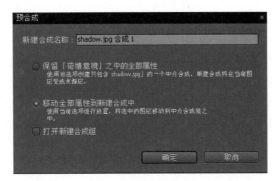

图3-14

这两个选项有什么区别，如何选择？请大家务必留心：如果选"保留"，那么对该图层的属性调整和关键帧动画制作可能会被丢弃，只将图层中包含的原始素材内容（影像等）转换为新的合成；如果选"移动"，那么所有的属性和关键帧数据，以及对素材的种种加工修改都会被原封不动地一起转换到新合成中，能够最大限度地保存前阶段的工作结果。在实际工作中我们绝大多数情况下会选择"移动全部属性到新建合成中"。

合成嵌套

合成嵌套就是将一个完整的合成作为素材添加到另一个合成中，形成包含关系；一个合成被嵌套进另一个合成的时间线，可以像图层一样被使用，也具有属性和关键帧；可以制作多级嵌套，把多个合成放置到其他合成中（不能将一个合成添加到自身的时间线中），然后把该合成再放置到另外的合成中形成合成的分级结构；合成嵌套非常类似FLASH中的"影片剪辑"嵌套，如图3-15所示。

图3-15

合成嵌套是After Effects中的高级操作手法，在许多优秀范例、模板中都有着复杂、精妙的合成嵌套结构。当读者对After Effects熟练到一定程度之后，可用合成嵌套来解决许多问题。

- 简化时间线：合成时间线中排列的图层过多，会造成混乱和查找不便，可将这些图层分类分组，"打包"（转换）为不同的合成，使之清晰明了。
- 具有整体操作性：当需要对多个素材或图层进行相同的操作时，如将多个图层同时缩小、同时改变颜色，将这些图层放在同一个合成中，再用合成嵌套，在外部做整体操作就很方便。
- 方便重复使用：在制作动画时，某些视觉元素是需要重复使用的，而这些视觉元素可能是由多个图层、多种效果构成的，这时就可以把它们转换为一个合成。使用时从项目窗口中将此合成拖入时间线即可反复应用。
- 改变渲染顺序：素材在After Effects中往往要经历大量的"加工步骤"，但在各个加工步骤进行综合时，即渲染的时候，After Effects默认会先渲染"效果"，再渲染"关键帧动画"，这可能会使预想的加工步骤发生错乱，产生意料之外的结果。如果我们想让一个物体先执行关键帧动画，比如移动、缩放，再接受效果的影响，就要将带有关键帧的物体先转换为合成，在使用合成嵌套之后，再为该合成添加特效。在制作复杂项目时，建议多采用合成嵌套，使制作流程具有阶段性，效果与效果之间、效果与关键帧之间互不干扰。

合成嵌套有两种制作思路，一是"正向"思路：在项目窗口中建立多个合成，从最基础的部分开始构建，再将各个基本部分的合成拖入总体合成中拼接；二是"反向"思路：一开始在同一合成中进行工作，再将不同的部分（一组图层）分别转换为新合成。

设置合成的背景颜色

合成窗口的默认背景颜色为黑色，但我们可以根据需要随时改变背景颜色。

当使用嵌套技术时，将一个合成添加到第二个合成，显示的是第二个合成的背景，第一个合成的背景变为透明。如果要保留第一个合成的背景颜色，只需在该合成中建立一个固态层作为背景即可。

要设置合成的背景颜色，首先选择"图像合成→背景色"选项，在弹出的"背景颜色"面板中单击色块，并在弹出的"颜色拾取"面板中选择一种需要的颜色；或单击右侧的吸管按钮吸取屏幕上的任意颜色，再单击"确定"按钮，如图 3-16 所示。

图3-16

AE 第 12 课
太 阳

1. 理论知识：科幻、科普、太空与影视后期

科幻、科普、太空是影视后期领域常见的制作题材。笔者在 2014—2018 年间，几乎阅遍国外的优秀天文类纪录片，包括《旅行到宇宙边缘》《大设计（Grand Design）》等作品，饱受熏陶。对于上天入海、穿梭时空的科幻、科普作品来说，不使用 3D 建模、后期合成与特效是不可能完成其制作的。近年来此类题材的影视、短视频在国内得到越来越多的重视和扶持，使用本书的院校师生，也可以考虑创作此类作品参加各种竞赛，如"江苏省科普公益作品大赛"等。而宇宙中的各类星体制作，又是科幻科普视频制作中不可或缺的重要部分，具有一定的难度，其中岩石类星球、气体类星球、液体类星球，都各有一些特定的制作方法，下面来为大家介绍太阳的制作方法。

2. 范例：太阳

（1）范例内容简介：不使用任何外部素材，通过在固态层上添加分形噪波（Fractal Noise，又译为湍流杂色、分形杂色）和置换贴图（Displacement Map）等特效，结合合成嵌套、遮罩手法，完成气态星体的代表——太阳的制作，太阳主要由中心的球体和边缘的火焰两部分组成。本课将使用 After Effects 软件中最复杂的几个特效，读者需仔细思考其原理。

（2）影片预览：太阳 .wmv。

（3）制作流程和技巧分析，如图 3-17 所示。

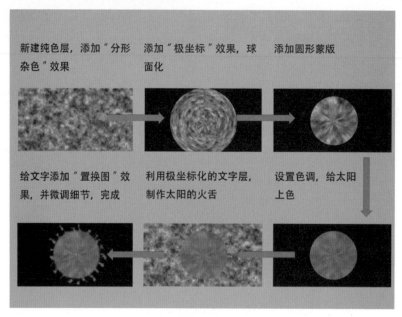

新建纯色层，添加"分形杂色"效果 添加"极坐标"效果，球面化 添加圆形蒙版

给文字添加"置换图"效果，并微调细节，完成 利用极坐标化的文字层，制作太阳的火舌 设置色调，给太阳上色

图3-17

（4）具体操作步骤：

新建"合成1"，制式为HDTV 1080 25，画幅宽为1920像素，高为1080像素，长度为10秒，如图 3-18 所示。

图3-18

新建一个纯色层，命名为"太阳"。右击太阳层"添加效果→杂色和颗粒→分形杂色"，这时的杂色颗粒为静止状态，如图 3-19 所示。

图3-19

将时间线指针放在第 0 秒 0 帧位置，在时间轴窗口中的图层下方，展开分形杂色特效的参数组，在演化、偏移两个参数上，打开关键帧开关 ，打上第一个关键帧，再将时间指针移到时间轴末尾处，修改数值，如图 3-20 所示。

图3-20

太阳是一个球形，所以我们给太阳层添加一个效果让其从中心向外发射。右击太阳层，添加"效果→扭曲→极坐标"，再在效果控件选择转类型为"矩形到极线"，插值调为 100，如图 3-21 所示。

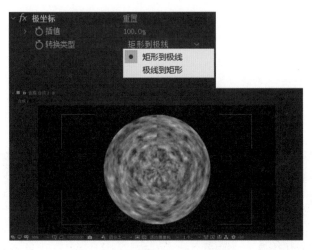

图3-21

可以按快捷键 S 适当放大该层。按快捷键 Ctrl+Shift+C 将太阳层预合成，如图 3-22 所示。再使用工具栏中的椭圆形遮罩工具 ，在合成预览窗口中绘制遮罩，如图 3-23、图 3-24 所示。

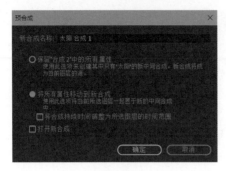

图3-22　　　　　　　　　　　　　　　　　　图3-23

太阳的颜色是金黄色的，于是我们同样右击太阳层，"添加效果→颜色校正→色调"，将合适的颜色映射到太阳上去，如图 3-25 所示。

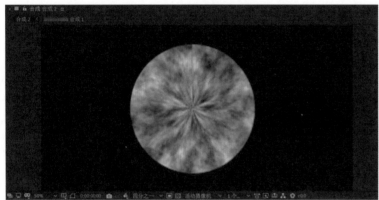

图3-24　　　　　　　　　　　　　　　　图3-25

太阳的周边有许多的火舌，我们选择新建一个文字图层命名为"火舌"，置于"太阳"下方，在字符工具栏中选择一个接近太阳的颜色，如图 3-26 所示。文字层内容建议输入连串的"I"（在时间轴窗口中，双击文字层名称"火舌"，即可进入输入内容状态）。然后右击火舌层，添加"效果→扭曲→极坐标"，在效果控件中，选择转换类型为"矩形到极线"，将插值调到 100。再新建一个纯色层命名为"置换"，同样添加"效果→杂色和颗粒→分型杂色"，并且同样为其演化以及偏移打上合适的关键帧，使黑白云雾能够向右移动起来，同时伴随一定的演化，如图 3-27 所示。

图3-26　　　　　　　　　　　　　　　　图3-27

此时的"火舌"层略显僵硬，添加"效果→扭曲→置换图"，将置换层选为"置换"图层，后面第二项选择"效果与蒙版"，并将最大水平置换调为70，最大垂直置换调为60，如图3-28所示。

最后，给火舌层"添加效果→模糊和锐化→高斯模糊"，将模糊度调为18，并将添加在太阳层的蒙版羽化值调至25，使太阳与火舌能够融为一体，如图3-29所示。

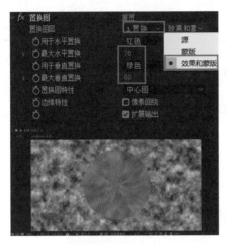 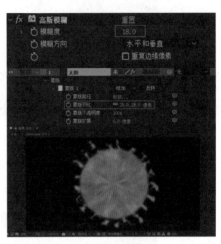

图3-28   图3-29

按快捷键 Ctrl+M 将合成 2 加入渲染序列，单击右侧的"渲染"按钮输出影片。

AE 第 13 课
土 星

1. 理论知识：土星的介绍

地球或冥王星这一类的岩石类星球，表面板块较为稳定，制作特效时可以考虑使用照片或贴图。而土星或太阳这一类的气态类星球，可以考虑用分形噪波，得到较为模糊，同时又变幻莫测的表面。

2. 范例：土星

（1）范例内容简介：作为气态类行星，土星的制作方法和太阳有一定的相似之处，都要用到分形噪波特效，不过有一些细节上的变化，例如要在分形噪波内部参数中拉长噪波。另一个有趣的知识是制作土星光环，这类制作手法，当读者真正熟练掌握After Effects特效后，就能很容易想到。

（2）影片预览：土星 .mp4。

（3）制作流程和技巧分析，如图 3-30 所示。

（4）具体操作步骤：

新建"合成 1"，制式为 HDTV 1080 25，画幅宽为 1920 像素，高为 1080 像素，长度为 10 秒，如图 3-31 所示。

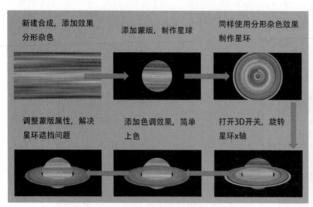

图3-30 图3-31

新建一个纯色层，命名为"土星"。右击"土星"层添加"效果→杂色和颗粒→分形杂色"，这时的杂色颗粒为静止状态，如图 3-32 所示。

图3-32

将时间线指针放在第 0 秒 0 帧位置，在时间轴窗口中的图层下方，演化以及偏移上，打开关键帧开关 <img>，打上第一个关键帧，再将指针移到时间轴末尾处修改数值，复杂度改为 4，如图 3-33 所示。

图3-33

在同一窗口中，取消勾选"统一缩放"，并将缩放宽度改为 3500，如图 3-34 所示。效果如图 3-35 所示。

图3-34 图3-35

接下来选中土星层，使用工具栏中的椭圆形遮罩工具 ，在"合成预览"窗口中绘制遮罩，绘制时按住 Shift 键以绘制正圆，如图 3-36 所示，效果如图 3-37 所示。

图3-36　　　　　　　　　　　　图3-37

星球制作基本完成，下一步做土星的星环。新建一个纯色层，命名为"星环"。右击"星环"层添加"效果→杂色和颗粒→分形杂色"，与"土星"层设置类似，将时间线指针放在第 0 秒 0 帧位置，在时间轴窗口中的图层下方，演化以及偏移上，打开关键帧开关 ，打上第一个关键帧；再将指针移到时间轴末尾处修改数值，复杂度改为 4，取消勾选"统一缩放"，并将缩放宽度改为 3500；这时右击"星环"层"添加效果→扭曲→极坐标"，将转换类型改为"矩形到极线"，插值调为 100，如图 3-38 所示。

然后选中星环层，按快捷键 Ctrl+Shift+C 创建预合成，在弹出的窗口中选择"将所有属性移到新合成"，如图 3-39 所示。

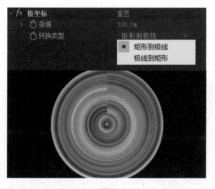
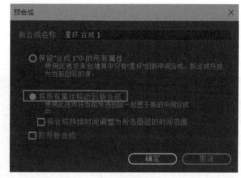

图3-38　　　　　　　　　　　　图3-39

选中已经转换为合成的"星环"层，使用椭圆遮罩工具 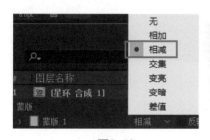，在大星环位置的正中间画出一个小圆，相当于中间挖洞。在"时间轴"窗口中将添加的该蒙版属性改为"相减"，如图 3-40 所示，效果如图 3-41。

图3-40　　　　　　　　　　　　图3-41

在项目窗口中单击 打开 3D 开关，如图 3-42 所示。此时，星环的"变换"参数组下会出现 X、Y、Z 三个轴的旋转，将 X 轴旋转 -72°，如图 3-43 所示。

图3-42

图3-43

同一窗口中适当调整缩放值后，效果如图 3-44 所示。

图3-44

现在为星环与土星添加颜色，右击选中土星层，添加"效果→颜色校正→色调"，星环同理，如图 3-45 所示。最后效果如图 3-46 所示。

图3-45　　　　　　　　　　　　　　　图3-46

接下来做星环的前后遮挡效果。选中星环层按快捷键 Ctrl+D 复制一份，将复制的"星环"层移到"土星"层的下方，排序应为：星环→土星→星环，如图 3-47 所示。

图3-47

选中上方的"星环"层，使用矩形工具在星环上拖曳创建出一个新的蒙版，名称改为蒙版 2，如图 3-48 所示。

蒙版 2 的范围应该是框住星环的下半部分，如图 3-49 所示。

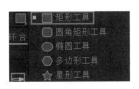

图3-48

图3-49

在蒙版属性中将蒙版 2 的模式选择为"交集",如图 3-50 所示,效果如图 3-51 所示。

图3-50

图3-51

本例制作完成。按快捷键 Ctrl+M 将合成 2 加入渲染序列,单击右侧的"渲染"按钮输出影片。鉴于本例没有设计动画效果,也可以保存单帧为 PSD 文件。

AE 第 14 课 推移线

1. 理论知识:3D Stroke 插件介绍

本课需要读者先安装 Trapcode 公司的 3D Stroke 插件。Trapcode 公司的系列插件是最知名、最经典的 After Effects 插件,可以看作是插件排行榜中的 NO.1,其 Trapcode Shine 使用之频繁,甚至逐渐被整合为 After Effects 默认的特效,但据笔者所知,After Effects 2020 软件中,尚未集成 3D Stroke 这款插件,因此大家还是要先下载资源,进行安装。在 Trapcode 套装中,可以只选择本节需要用到的这一个插件进行安装,如图 3-52 所示。

将其解压到如下地址:D:/Program Files/Adobe After Effects 2020/Support Files/Plug-ins/Effects,然后重启 After Effects 即可(这个地址也

图3-52

是所有 After Effects 插件的安装地址，但要先确定你的 After Effects 是安装在 C 盘还是 D 盘等，根据自己计算机上的 After Effects 安装路径灵活查找）。

3D Stroke 插件的功能简单来说就是根据一条路径（使用 Mask 遮罩类工具来绘制，比如钢笔，产生线的生长动画，或者叫描边）。描边是一种十分生动的动画艺术手法，可以模拟植物藤蔓生长，可以从无到有地生长线条，勾勒出一个形状，对观众起到强力的视觉引导作用，在片头、包装等各类动画中用途广泛。在学习本书的各种范例后，大家可举一反三地思考所学知识的其他用途，巧妙构思多种创意应用。

2. 范例：推移线

（1）范例内容简介：线条在空间中推移、延伸的动画，极富透视感和视觉冲击力，可用作视频的动态背景。本例主要使用了 3D Stroke 插件特效制作线的生长动画，然后把线条所在的合成进行纵深移动，使"线头"永远在观众前方不远处。此外还运用了摇摆器功能制作文字。

（2）影片预览：推移线 .wmv。

（3）制作流程和技巧分析，如图 3-53 所示。

（4）具体操作步骤：

新建项目"推移线"，新建合成"描线"，制式为 PAL D1/DV，修改画幅高度为 10000 像素，时间长度为 8 秒，如图 3-54 所示。

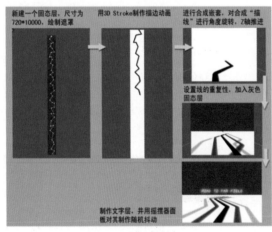

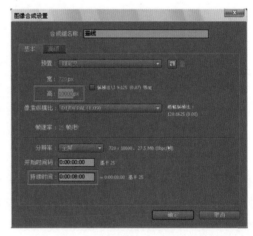

图3-53　　　　　　　　　　　　　　　　图3-54

合成"描线"的高度设置令画幅显得十分瘦长，这是为了使它在下一个合成中能够在摄像机前做长时间的推移演示。我们再修改一下当前合成的背景色：在项目窗口中选中合成"描线"，选择菜单"图像合成→背景色"，设置背景色为白色，如图 3-55 所示。

图3-55

新建一个任意颜色的固态层，命名为"线"。选中图层"线"，使用工具栏中的钢笔工具 ，在画面中自上而下绘制一条由连续线段组成的 Mask 路径，形状大致如图 3-56 所示。

向图层"线"添加"效果→ Trapcode → 3D Stroke"。 添加后展开 3D Stroke 特效参数组，在第 0 秒 0 帧打开 Offset（推移）前的  关键帧开关，设置 Offset 的值为 −100，在第 7 秒 24 帧设置 Offset 的值为 0，然后设置描边色为黑色，Thickness（厚度）为 20，如图 3-57 所示。另外特别注意一点，如果插件没有输入序列号则为试用版，画面中会有一个红叉，相当于水印，要去掉红叉使之为正式版，需要单击"选项"（英文版为 Option）按钮打开插件的选项窗口，再单击"输入序列号"（Enter Key）按钮，输入序列号后才能去掉红叉。

图3-56

图3-57

画面中出现了沿路径描边的动画，效果如图 3-58 所示。

新建合成"推移线"，制式为 PAL D1/DV，时长为 8 秒，注意合成画幅宽高应该为 720×576，如图 3-59 所示。

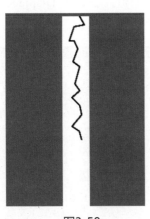

图3-58

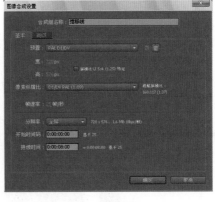

图3-59

在项目窗口中选中合成"推移线"，然后选择菜单"图像合成→背景色"，设置背景色为白色。

在合成"推移线"中嵌套合成"描线"并对其进行一系列空间位置的设置，使之出现推移的视觉效果，步骤如下：

① 将合成"描线"从项目窗口中拖入当前合成"推移线"的时间线，相当于将上一个合

成作为素材使用，也就是时间线嵌套。

② 打开图层"描线"的三维图层开关◼。

③ 展开图层"描线"的变换参数组，单击比例（缩放）参数前的"整体缩放按钮"⬛，取消整体缩放，单独修改其高度值为 400。

④ 设置 X 轴旋转的值为 90 度，设置位置的 Y 坐标为 440。 这两个参数设置很重要，能使推移线与我们的视线构成一个角度，产生地面的感觉。

⑤ 加上位移动画（使我们的视点随着描线的方向前进）：将时间线指针移到第 0 帧，单击位置前面的关键帧开关◼，并设置位置（Posotion）的 Z 坐标为 20000；将指针移到最后一帧即 7 秒 24 帧，修改位置的 Z 坐标为 -16000，产生前后大推移，如图 3-60 所示。

图3-60

合成预览窗口中已出现了线的推移动画，如图 3-61 所示。

孤单的一根线条使画面显得单调，我们来为线条加上重复。回到合成"描线"（在项目窗口中双击合成"描线"），展开图层"线"下的 3D Stroke 中的 Repeater（重复）参数组，单击 Enable 后的 Off 按钮使之变为 On，修改 Opacity 的值为 20，X Displace 的值为 100，Z Displace 的值为 20，如图 3-62 所示。

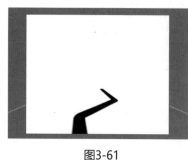

图3-61

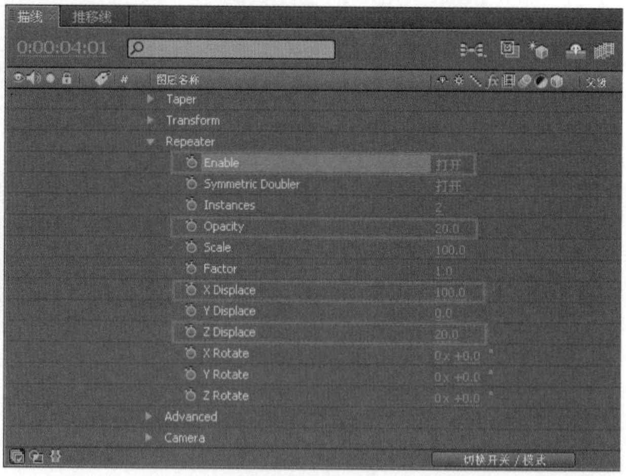

图3-62

切换到合成"推移线"，可以欣赏到线的重复效果。新建一个深灰色固态层"bg"（十六进制颜色代码为 #443737），在画面中手动调整其尺寸和位置，使其刚好遮住画面上半部分，如图 3-63 所示。

使用工具栏中的文字工具 T，在画面中输入任意文字，如"ROAD TO FAR FIELD"，这样就创建了一个文字层。在右侧的字符窗口（Character 窗口）内设置文字颜色为白色，字体等样式自定。手动调整文字到合适位置，如图 3-64 所示。

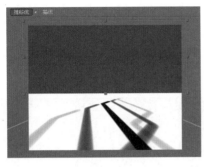

图3-63   图3-64

本例制作到这里效果已经比较完整。但我们还可以让静止不动的文字抖动起来以配合线条的动感。这里可以用到 After Effects 中制造各种随机效果的"摇摆器"面板。

选中文字层"ROAD TO FAR FIELD"，按快捷键 P 展开位置参数，在第 0 秒 0 帧打开关键帧开关 ，记录下一个关键帧。选中并按快捷键 Ctrl+C 复制该关键帧，在第 7 秒 24 帧按快捷键 Ctrl+V 粘贴，如图 3-65 所示。

图3-65

读者可能会感到奇怪，为什么要在第一帧和最后一帧放上相同的关键帧呢？这样做不会使文字产生任何变化。这是因为"摇摆器"面板需要在两个关键帧之间随机生成变化。

同时框选前后两个关键帧，选择菜单中的"窗口→摇摆器"，调出"摇摆器"面板。

设置"尺寸"为 X，即横向摇摆；设置"频率"为 15，即每秒 15 次；设置"数量"为 2，即摆动幅度偏小。然后单击"应用"按钮，我们看到两个关键帧之间被插入了随机摆动的关键帧，如图 3-66 所示。

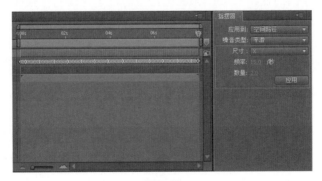

图3-66

在时间线窗口空白处单击以取消选择，重新选中文字层"ROAD TO FAR FIELD"，按快捷键 Ctrl+D 复制一次。选中两个文字层中下面的一层，重命名为"模糊"，对该层添加"效果→模糊与锐化→高斯模糊"。展开"模糊"参数组，设置模糊量为 30。

再将文字层"模糊"复制一次，这两个加了模糊特效的层起到为文字"镀光"的作用，如图 3-67 所示。

本例制作完成。单击菜单中的"图像合成→添加到渲染队列"，使用默认设置渲染一个 AVI 文件观看一下，如图 3-68 所示。

图3-67   图3-68

AE 第 15 课
粒子爆炸

1. 理论知识：爆炸

为影片加入计算机生成的"爆炸"或"火焰"等视觉效果，替代成本高昂的实景拍摄，一直是影视后期中的常见任务。爆炸的制作也是一个经典课题，实现的手段、方法不计其数，可以用插件如 Particle Illusion、Trapcode Particular，甚至 3ds Max、MAYA 软件去制作。而本课则提供一种笔者原创的使用 After Effects 自带的粒子特效制作爆炸的方法，无须借助外部工具。一旦完成，大家可以尝试把最终效果叠合在自己拍摄的其他实景影像素材上，观察"特效＋实拍"合成后的效果。如果是高校师生，可以在课程时间内，用这类方法制作"校园灾难片""外星人入侵"等特定题材特效短片，进行班级小创作，如图 3-69 所示。

老师可以准备几个特效短片剧本，像笔者是画了分镜的，有至少四个剧本：类似于独立日的外星飞船入侵校园引起火光冲天；两个人的魔法战斗，可以使用石、火、水、光等魔法攻击；月球登陆，学生乘飞船探访月球并挖矿；太阳系行星漫游等。这些都适合用来进行班级创作，不过要进行合理分工，每个学生制作一至两个镜头，用表格将任务分配到每个人。

图3-69

2. 范例：粒子爆炸

（1）范例内容简介：通过学习本课大家可掌握粒子特效（Particle Playground）的一些参数设置，并与置换贴图、分形噪波等其他特效进行组合。该效果并不完美，模拟得还不够真实，同学们今后也可以自己研究爆炸的制作方法与特效组合。

（2）影片预览：爆炸 .wmv。

（3）制作流程和技巧分析，如图 3-70 所示。

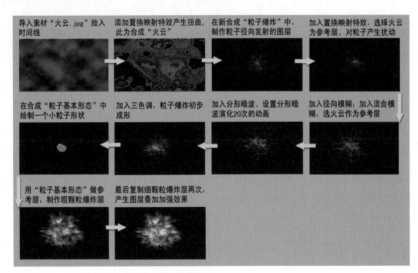

图3-70

（4）具体操作步骤：

本例的爆炸效果主要用到了四类特效：a. 置换映射，b. 粒子运动，c. 模糊（径向模糊，复合模糊），d. 分形噪波。爆炸形态的形成，主要是以 b+c 为基础的，而 a、d 以及其他特效，都是在基本形态的基础上起"扰动"作用，使爆炸的形态更加不规则，具有自然的随机变化效果。因此可以说，b+c 是本例的核心方法，而其他环节较为次要。

新建项目文件"爆炸"。新建合成"火云"，选择制式为 HDTV 1080 25，设置时间长度为 10 秒。在该合成中，我们将制作一个不规则形状层，作为稍后要制作的粒子爆炸合成中的扰动参考层。

在项目窗口中双击，导入素材"火云.jpg"，放入时间线窗口成为一个图层，如图 3-71 所示。

图3-71

对该图层添加"效果→扭曲→置换映射（Displacement map）"。在特效控制台中设置置换映射的映射图层（参考层）为自身，最大水平置换为 600，最大垂直置换为 10，如图 3-72 所示。画面效果如图 3-73 所示。

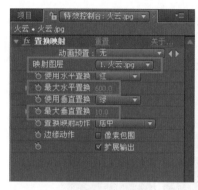

图3-72

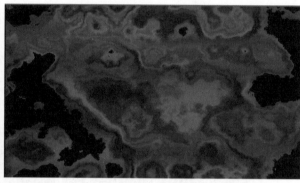

图3-73

新建合成"粒子爆炸"，仍然选择制式为 HDTV 1080 25，设置时间长度为 10 秒。从项目窗口中将合成"火云"拖入"粒子爆炸"的时间线，作为图层使用，同时单击该层显示/隐藏按钮，使其隐藏（"火云"在后面的作用是做参考层，因而无须直接显示）。

下面制作最重要的粒子发射形态。在时间线窗口中右键选择"新建→固态层"，建立一个任意颜色的固态层，放在图层"火云"上方。在图层名称上按 Enter 键，修改名称为"细颗粒爆炸 1"，对其添加"效果→模拟仿真→粒子运动"。

展开图层"细颗粒爆炸 1"图层属性中的"粒子运动"，在"发射"参数组中设置参数如图 3-74 所示。

图3-74

在"粒子/秒"上设置关键帧，使第 2 帧的发射量为 0，第 8 帧的发射量为 3000（瞬间喷出），第 17 帧的发射量重归为 0。随机扩散方向设置为 360°，等于让粒子从中心向外平均径向发射；

随机扩散速度为 400，让粒子喷出速度略微错落。

再展开重力参数组，设置力为 60，方向 0x+0.0°，这相当于重力的方向向上，让爆炸后的粒子像现实中的火光那样向上飘逸，如图 3-75 所示。粒子爆炸初步成型，如图 3-76 所示。

图3-75   图3-76

这一步将利用刚才制作的参考层"火云"，对粒子形态产生一定的扰动。用一个层的明度去影响另一个层的形态，需要用到"置换映射"特效。对图层"细颗粒爆炸 1"添加"效果→扭曲→置换映射"。在特效控制台中设置映射图层为"火云"，最大水平置换为 -108，最大垂直置换为 0（这两个参数读者可以自己设置），如图 3-77 所示。

细心观察的话就会看到，加入了置换映射后，无论是粒子的整体形态，还是个别粒子的形态，都更加"自然"了，不再是小方块了，如图 3-78 所示。

图3-77   图3-78

目前的粒子形态还是呈点状，不像爆炸的气状形态，那么需要加入模糊效果来修饰。对图层"细颗粒爆炸 1"添加"效果→模糊与锐化→径向模糊"，在径向模糊参数中的模糊量上设置关键帧，使第 1 秒 12 帧的模糊量为 40，第 1 秒 22 帧的模糊量降为 0，如图 3-79 所示。画面中有了爆炸的冲击效果，如图 3-80 所示。

图3-79

再对图层"细颗粒爆炸 1"添加"效果→模糊与锐化→复合模糊"。该效果可以依据参考层的明度在画面中产生局部模糊、局部清晰的效果，我们的爆炸气团也需要这种修饰。添加效果后，设置复合模糊参数中的模糊层为"火云"，最大模糊为 20，如图 3-81 所示。

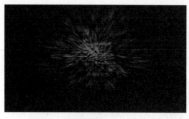

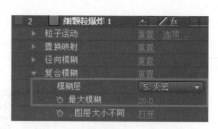

图3-80　　　　　　　　　　　　　　　图3-81

下面就是对爆炸气团进行纹理与颜色的修饰了。对图层"细颗粒爆炸 1"添加"效果→噪波与颗粒→分形噪波"。展开图层属性中的"分形噪波"参数，设置对比度为150，亮度为10，复杂性为8。很重要的一点是设置"演变"的动画效果，因为爆炸中的气团会不断地变化融合、火光会摇曳飘逸，而这个"演变"正是用来实现这种形态随机变化效果的。

在 0 秒 0 帧打开演变参数的关键帧开关，记录下第一个关键帧。将指针移动到最后一帧即 9 秒 24 帧，改变参数为 20x+0°，即演变 20 次，如图 3-82 所示。

画面中爆炸的形态出现了一点变化，如图 3-83 所示。

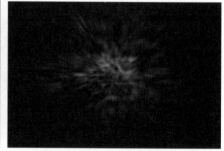

图3-82　　　　　　　　　　　　　　　图3-83

为一系列爆炸的组合特效增加最后一个效果——三色调。对图层"细颗粒爆炸 1"添加"效果→色彩校正→三色调"。设置三色调中的高光色为 #FFE082，中间色为 #963A12，阴影色为 #000000，如图 3-84 所示。画面效果如图 3-85 所示。

图3-84　　　　　　　　　　　　　　　图3-85

这个细颗粒爆炸 1 图层的爆炸看上去有点单薄，需要再叠加多个图层来加强。在时间线窗口空白处单击取消选择，再选中图层"细颗粒爆炸 1"，按快捷键 Ctrl+D 复制一次，将复制出来的新图层拖曳到原层下方，重命名为"粗颗粒爆炸"。

我们要对"粗颗粒爆炸"图层重新设置一种单个粒子形状，即用较为饱满的图形去替换粒子，因此需要先建立一个粒子形状参考层。新建一个固态层，命名为"粒子基本形态"，固态层的颜色设置为 #FFE081，如图 3-86 所示。

将它放在图层"粗颗粒爆炸"下方。然后用工具栏中的钢笔工具，在该层的正中心（定位点中间）绘制一个小小的卵形遮罩，即新粒子的形态，如图 3-87 所示。

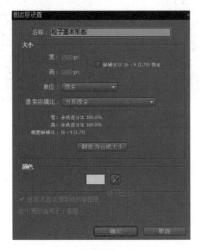

图3-86

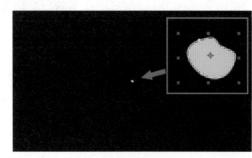

图3-87

按快捷键 Ctrl+Shift+C 将图层"粒子基本形态"转换为合成，合成名称设置为"粒子基本形态"。转换合成的原因是 After Effects 中有一个"潜规则"，即参考层最好使用合成嵌套，让参考层内部的内容先渲染完毕，再在另一个合成中起参考作用。否则，很可能会导致参考层的功能不能实现。

由于是做参考层，关闭合成"粒子基本形态"在合成"粒子爆炸"中的显示开关 👁。然后展开图层"粗颗粒爆炸"的图层属性，展开粒子运动特效参数，设置"图层映射"参数组中的使用图层（即用图层内容替换粒子形态）为"粒子基本形态"，完成替换，如图 3-88 所示。

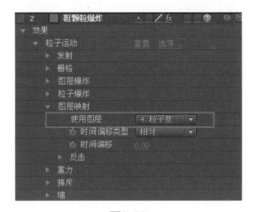

图3-88

　　这样粗颗粒图层的影像亮度、体积感得到了很大增强，进而使画面中的爆炸效果更加强烈。最后选中图层"细颗粒爆炸 1"，按快捷键 Ctrl+D 复制两次，得到"细颗粒爆炸 2"和"细颗粒爆炸 3"，多个图层相互叠加，使得爆炸的火光更加耀眼。最后时间线中的图层排列如图 3-89 所示。画面效果如图 3-90 所示。

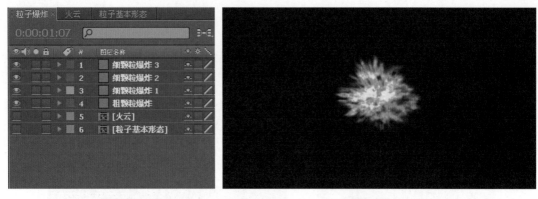

图3-89 　　　　　　　　　　　　　　　　　　图3-90

　　选择"图像合成→制作影片"，将制作结果渲染为视频。也可以在该合成的最下方，导入并放置一段实拍影像，观察"特效 + 实景"的合成效果。

□ 学习目的

　　After Effects 这种后期合成软件，不同于三维动画软件（3ds Max、Maya、C4D 等），不适用于创建三维立体的模型、物体，进行立体造型。但是通过打开各个图层的 3D 开关，也能在一定程度上营造出三维空间的感觉，即除了 X 和 Y 两个轴向，还能在 Z 轴上前后摆放物体，并在三维空间中移动摄像机，取得有限的三维空间效果。本章将主要研究上述技术，探索 After Effects 在三维空间表现上的潜能。

□ 本章导读

　　第 16 课　立体盒子

　　第 17 课　熔盛重工片头

　　第 18 课　立体空间中的卡牌

AE 第 16 课 立体盒子

1. 理论知识：思路与技术分析

　　本节将在 After Effects 中从事类似于"三维建模"的工作，利用 Photoshop 制作一幅半透明图像作为素材，在 After Effects 中对它进行立体摆放，以六个面拼成一个盒子。这种三维建模工作虽然烦琐，但却能帮助大家透彻认识 After Effects 的三维空间造型潜能。

2. 范例：立体盒子

　　（1）范例内容简介：在 Photoshop 中制作的一幅半透明图像，在 After Effects 中利用这幅图像拼一个盒子，并制作旋转、发光等后续效果。

　　（2）影片预览：立体盒子 .mp4。

　　（3）制作流程和技巧分析，如图 4-1 所示。

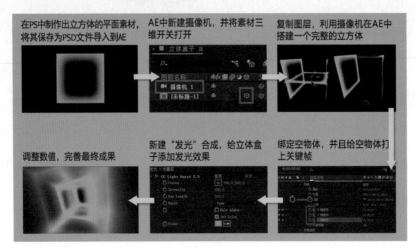

图4-1

（4）具体操作步骤：

我们先制作光盒子所用到的立体面素材。

启动 PS 软件，单击左上角"文件→新建"，新建一个方形白色画布，画布尺寸高度、宽度均为 700，分辨率为 150，如图 4-2 所示。

接下来用任意一种颜色填充空白画布，步骤如图 4-3 所示。

① 在颜色面板单击前景色色板。

② 选择一个颜色，单击"确认"按钮，本例中推荐色为：R（45），G（213），B（255）。

③ 单击画布空白处，按快捷键 Alt+Delete 填充前景色。

图4-2

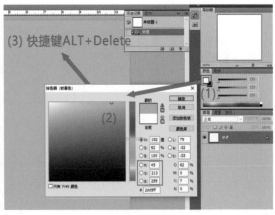

图4-3

单击左侧工具栏目中的"矩形工具"，设置蒙版羽化值为 40。在画布中央拖动鼠标画出小于画布的矩形选框，按 Delete 键删除选框区域，得到一幅中间透明向边缘过渡的方形图片，如图 4-4 所示。命名为"面"，导出为 PSD 格式文件备用。

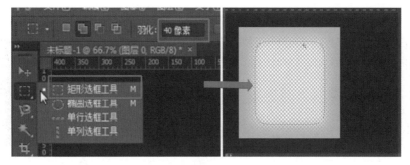

图4-4

接下来制作光盒子效果。启动 After Effects 软件，新建合成，设置合成名称为"立体盒子"，制式选择 HDTV 1080 25，时间长度任意。

在项目窗口中右键选择"导入→文件"，导入刚刚保存的 PSD 文件"面"，并拖入时间线。预览窗口效果如图 4-5 所示。

图4-5

在时间轴窗口中右击，选择"新建→摄像机"，使用默认参数，并打开"面"的三维开关，如图 4-6 所示。

图4-6

此摄像机的作用是方便我们观察，单击整合摄像机工具 后，可以查看各个角度画面效果（左键调整角度，右键推拉镜头，中键移动摄像机位置）。如果缺少这个摄像机层，我们就只能旋转图层属性查看，不利于后续的拼接工作。

立方体有六个面，所以我们需要六个同样的图层，拼凑出一个完整的立方体。

制作第二个面：单击图层，按快捷键 Ctrl+D 复制一个图层，首先考虑搭建与被复制面的对立面，拖动 Z 轴数值，如图 4-7 所示。使复制的图层沿 Z 轴平移到被复制图层对面，这样立方体六个面的两个面就完成了，预览窗口如图 4-8 所示。

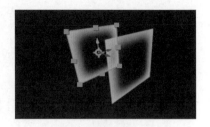

图4-7   图4-8

把复制出调整好的图层再次复制一次，按快捷键 R 调出旋转属性，将 X 轴旋转角度设置为 90°，如图 4-9 所示。预览窗口如图 4-10 所示。

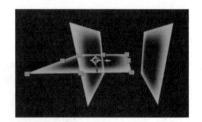

图4-9   图4-10

按快捷键 P 调出位置属性，再调整 Z 轴属性，将图层移动到两个面中间，再调整 Y 轴数值将图层移到顶端，形成立方体的第三个面，如图 4-11 所示。

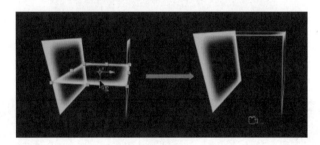

图4-11

根据具体情况，按快捷键 Y 调出摄像机，查看摆放位置，进行细节调整。

将刚刚摆好的图层使用快捷键 Ctrl+D 再复制一个图层，按快捷键 P 调出位置属性，调整 Y 轴数值将图层摆放至对立面，立方体第四个面就完成了。再复制一层，按快捷键 R 调出旋转属性，调整 X 轴旋转为 0°，Y 轴为 90°，并用之前同样的方式，调整位置属性，分别补上立方体的第五、第六个面，如图 4-12 所示。

图4-12

单击"透明通道"按钮检查立方体密封性，如图 4-13 所示。

图4-13

最终一个立方体共有六个图层，像这样多个图层需要统一变化的情况，就适合新建一个空物体作为六个图层的父级，在时间轴中右击选择"新建→空对象"，如图 4-14 所示。并将新建的空物体移动到立方体中心，预览窗口如图 4-15 所示。

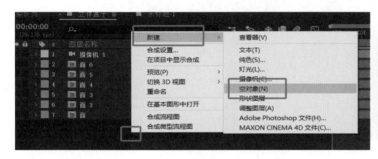

图4-14　　　　　　　　　　　　　　　图4-15

此时需要绑定父子集，六个图层为子集，空物体为父级。单击第一个图层，按住 Shift 键再单击最后一个图层全选或者框选六个图层，随后单击 后面的选项框，单击"空 1"空物体，即可绑定成功，如图 4-16 所示。

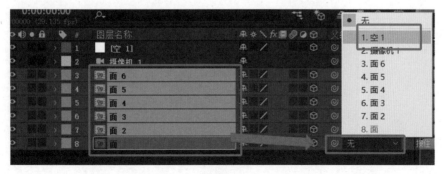

图4-16

绑定成功以后空物体带动图层运动，打开空物体三维开关。展开变换属性面板，时间轴的第一帧上给旋转属性的 X、Y、Z 轴分别打上关键帧，如图 4-17 所示。

图4-17

再将时间轴拖到最后一帧，改变旋转属性的 X、Y、Z 轴旋转数值，数值随意，比如 2x+230°，如图 4-18 所示。此时立方体就能在空间中的各个方向做综合旋转（三轴随机转动）。

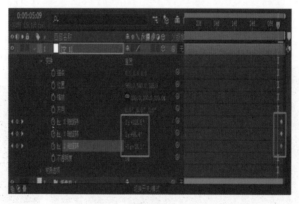

图4-18

为旋转的立方体添加效果。项目窗口新建一个合成，设置合成名称为"发光"，将"立体盒子"拖入"发光"合成时间轨道，在效果栏中搜索"CC Light Brust 2.5"，拖到"立体盒子"上添加，完成后界面如图 4-19 所示。

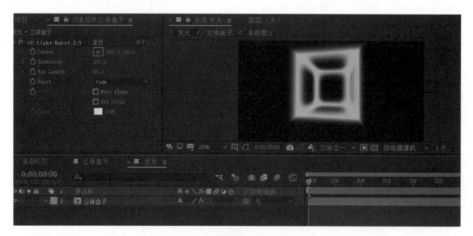

图4-19

"CC Light Brust 2.5"具体参数如图 4-20 所示。各参数介绍如下：

图4-20

- Center: 发光源坐标，控制光晕方向。
- Intensity: 控制发光体强度。
- Ray Length: 控制辉光强度。
- Set Color: 自定义颜色。

复制两次"立体盒子"，一共三层效果，分别重命名为: 本体层、辉光层、光晕层，如图4-21所示。

图4-21

本体层不添加效果，为了使效果更佳，改变光晕层的颜色，使整体效果更富有层次，光晕层勾选"Set Color"复选框，自定义颜色，具体参数如图4-22所示。预览窗口如图4-23所示。

图4-22   图4-23

单击光晕层，按快捷键 S 调出缩放属性，使光晕大于主体，再按快捷键 T 调出不透明度属性，将光晕层不透明度降低。为使光晕看起来更加自然，将光晕层图层混合模式改为"颜色减淡"，如图 4-24 所示。如果找不到图片混合模式选框，请查看左下角图标是否点亮。最终效果如图 4-25 所示。

图4-24

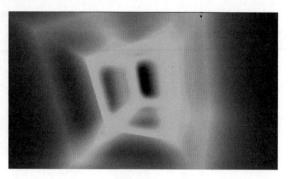
图4-25

AE 第17课
熔盛重工片头

1. 理论知识：思路与技术分析

　　本节将要演示的片头制作，涉及的技术并不复杂，没有什么高难度的特效，基本是以简单的图层属性动画加上三维图层、摄像机运动完成的，但是在视觉上却有一种清晰、动感的审美效果，这主要得益于原作者对配色的恰当把握和对动作的巧妙设计。从创意上剖析：片中主要使用了大小不一的方块作为画面构成元素。这些方块的配色成熟稳重，与背景对比强烈，看上去轮廓强硬，极有分量感。由它们组合起来的造型，像是一个个重工生产必不可少的钢材铸造件，巧妙地凸显了企业的行业特征。小方块的造型还可以理解为搭积木：搭积木的方法是从简到繁一点点地拼装，大机器的生产过程亦是如此。

　　片头中反复出现四种颜色的小方块，出现方式为由小变大，对于这种高重复率的元素，我们可以一开始就将它们分别做好，放到（打包为）单独的合成中，如"深色小方块""浅绿小方块"等，在片中需要的地方则直接调用，摆放位置即可，这用到了合成嵌套知识点。除此之外，片头最后有一个所有元素向后退，展示出标志的效果，这种动作既可以采用移动元素的方式，又可以采用移动摄像机的方式实现。通过对原例的观察，我们看到在后退过程中各个元素的移动速度不一致，这种现象说明原例很可能是用三维图层加摄像机位移的方式制作的，因此我们也用这种方式完成，这也是 After Effects 中立体空间方面的常见手法。

2. 范例：熔盛重工片头

　　（1）范例内容简介：熔盛重工是一家大型的上市企业，其一系列的企业宣传包装也做得比较到位，如企业的网站、宣传片、创意动画、企业 VI 片头等，有许多值得我们学习之处。本例将对一则来自于网络的该企业的 VI 片头进行模仿制作。

　　（2）影片预览：熔盛重工片头 .wmv。

　　（3）制作流程和技巧分析，如图 4-26 所示。

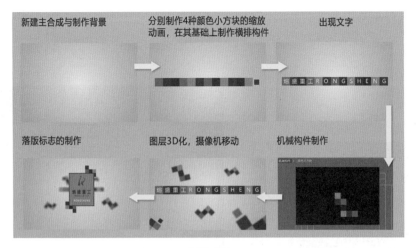

图4-26

（4）具体操作步骤：

步骤01 新建项目。

启动 After Effects，执行菜单命令"图像合成→新建合成组"，新建一个合成，命名为"熔盛重工片头"，大小为 1440×960 像素，长度为 15 秒，如图 4-27 所示。

步骤02 制作背景。

整个影片的背景可以用一个固态层来充当。执行菜单命令"图层→新建→纯色"，新建一个固态层，命名为"背景"，各参数设置与当前合成相同（制作为合成大小），如图 4-28 所示。

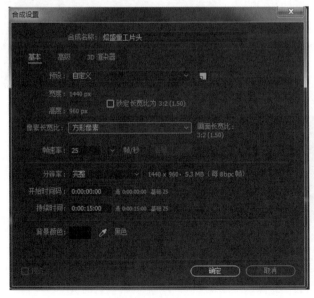

图4-27

图4-28

选中图层"背景"，右键添加"效果→生成→梯度渐变"，为该层添加了一个渐变色的特效。然后在特效控制台窗口中对特效的参数做进一步设置，我们设置"渐变形状"为径向渐变；

将"渐变起点"坐标设置为（720，476），将"渐变终点"坐标设置为（720，1300）；最后设置"起始颜色"为#edefe1，"结束颜色"为#b4b890，如图4-29所示。画面效果如图4-30所示。

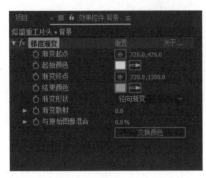 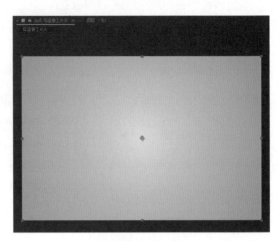

图4-29　　　　　　　　　　　　　　　　　　图4-30

步骤03 制作深色小方块由小变大的动画。

执行菜单命令"图层→新建→纯色"，命名为"深色小方块"，固态层大小设置为100×100像素，颜色为#161e25，如图4-31所示。

选中图层"深色小方块"，按快捷键S展开其缩放参数，在第0秒0帧打开缩放参数前面的关键帧开关，设置缩放值为0%（最小），将指针移动到0秒8帧，将缩放修改为100%，这样就制作出了小方块快速变大的动画，如图4-32所示。

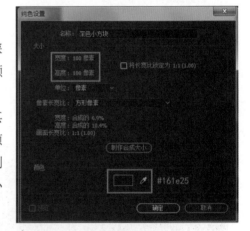

图4-31

图4-32

由于深色小方块在片中多个地方需要反复重用，我们最好将其转换为一个单独的合成，使其成为项目窗口中一个可供调用的素材，就像FLASH软件中的"库"里的元件一样。选中图层"深色小方块"，按快捷键Ctrl+Shift+C将其转换为合成，合成名称与图层名称一样（深色小方块），如图4-33所示。画面效果如图4-34所示。

图4-33

图4-34

步骤04 制作另外 3 种颜色的小方块动画。

在本片中，一共有 4 种颜色的小方块元素，刚才我们已经制作了一种，接下来只需重复上一步骤，分别制作另外 3 种颜色的小方块缩放动画。但是在新建 3 个固态层时，首先需对它们的颜色和名称做一些改变，将其分别命名为"深绿小方块""浅绿小方块""橙色小方块"，固态层颜色分别为 #043036、#386450、#cd6934。制作完缩放动画后，分别将它们转换为相同名称的合成。这样我们的主合成"熔盛重工片头"的时间线中就嵌套了好几个合成。

步骤05 用小方块拼出横排构件造型。

完成了 4 种颜色小方块单体的制作，下面就用它们组合出片头中的各种构件造型，首先是横向的一排（大概 13 个），由 4 个小方块图层复制（快捷键 Ctrl+D）并交替摆放位置即可。

需要注意的是，原片头中小方块是从左向右依次出现的，因此判断它们的初始出现时间并不一致，属于一种规则的时间差动画。我们需要让最左侧的小方块入点从 0 秒 0 帧开始，而右侧的各个小方块进入时间则稍晚，每个小方块入点比左侧的晚大概 0.3 秒左右。我们在时间线中可以手动拖动图层，以达到这种效果，如图 4-35 所示。画面效果如图 4-36 所示。

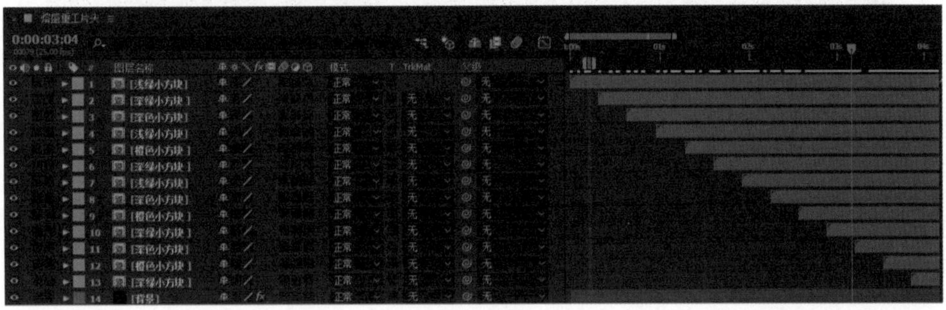

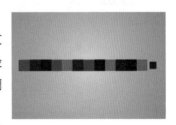

图4-35

步骤06 出现文字。

随着小方块现身，其上面也顺势出现公司名称。这里的文字出现方式，是逐字淡入（透明度动画），这是一种最常见、最基本的效果，我们不必去一个个字做透明度关键帧，完全可以调用"动画预置"中的现成设置。

首先使用文字工具 **T**，在画面中输入文字"熔盛重工

图4-36

RONGSHENG"这 13 个字符，位置刚好在小方块前方。在"文字"面板中设置字体为"微软雅黑"，颜色为白色。此处还需要灵活设置字符的左右间距，才能达到上面图示的效果。选中前 4 个中文字符，设置左右间距为 520；选中其余的英文字符，设置间距为 850，如图 4-37所示。画面效果如图 4-38 所示。

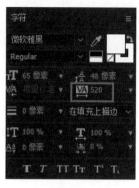

图4-37

图4-38

选中文字层，执行菜单命令"窗口→效果和预置"找到预置窗口，在其中展开"动画预设 → Text → Animate In"，在这一组中有一个预置叫"逐字淡入"正是我们所需要的效果。在添加之前将时间线指针放在第 1 秒的位置，这将决定淡入开始的时间，然后双击预置面板中的"逐字淡入"效果，或者把该效果用鼠标拖向时间线中的文字层，完成添加。

播放时间线，我们看到文字有了逐渐淡入的效果，但是出现得有点太快了，因为预置动画的默认完成时间，并不一定与我们的预期一致。在时间线窗口中展开文字层下方的"文本→动画 1 →范围选择器 1（Range Selector 1）"，将"起始"的第二个关键帧移动到约 4 秒 05 帧位置，这样就手动调整了文字淡入的时间范围，使文字出现节奏与小方块匹配，如图 4-39 所示。

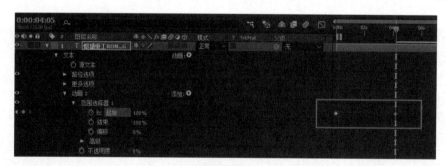

图4-39

步骤07 机械构件。

原片头中有几种造型不同的，由小方块拼成的机械构件（很像搭积木）作为装饰元素。在制作实际项目时，应该使它们形态各异，避免视觉元素的雷同。但这里我们重在学习制作的基本方法，因此仅制作一种构件造型即可。

执行菜单命令"图像合成→新建合成组"，新建一个合成，命名为"机械构件"，大小仍然为 1440×960 像素，长度 15 秒。从项目窗口中将 4 种颜色的小方块合成多次拖入时间线，用 7 个小方块组成如图 4-40 所示的造型。

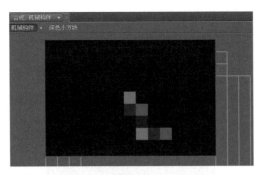

图4-40

从左上角的橙色小方块图层开始，依次调整每一个小方块的入点，形成时间差动画，如图 4-41 所示。

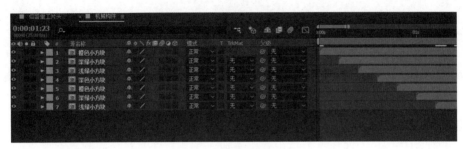

图4-41

接下来，请大家仔细观看网络原始视频中的效果，这个机械构件不仅有个"长出来"的过程，还有部分方块又"缩回去"，并从另外一端长出来的效果。为了细腻地模拟原动画，我们可以在当前的"机械构件"合成中进一步制作。

将时间线指针放在第 2 秒位置，选中小方块图层 3-7，按快捷键 Alt+] 设置图层出点（截断）。然后马上执行复制图层的操作（快捷键 Ctrl+D）。复制之后选中的是这几个图层的副本，执行菜单命令"图层→时间→时间伸缩"，设置"拉伸因数"为 -100%（倒放），"原位定格"为当前帧，如图 4-42 所示。当前时间线效果如图 4-43 所示。

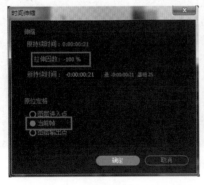

图4-42　　　　　　　　　图4-43

这样实际上就让一部分小方块在 3 秒之后产生了倒放效果，即又重新变小并消失。从项目窗口中将"深色小方块""浅绿小方块""深绿小方块"分别拖入时间线，新增三个图层，作为从机械构件另一端长出来的最后三块零件，摆放在如图 4-44 所示的位置。拖动图层，使它们从 3 秒 10 帧开始，排列出时间差，如图 4-45 所示。

图4-44

图4-45

步骤08 图层三维化。

机械构件制作完毕。在项目窗口中双击合成"熔盛重工片头"回到主合成当中。打开除图层"背景"外的所有图层的三维开关，使它们全部三维化。

从项目窗口中将合成后的"机械构件"拖入时间线并放置在底层的"背景"上方。拖动该图层，使其入点（开始位置）放在第 1 秒 13 帧。然后，打开该层的三维开关。展开该层的"变换"参数组，设置"位置"为（720，867，24）（调整了该图层纵向和纵深的位置）。设置"Z 轴旋转"为 -45°，如图 4-46 所示。画面效果如图 4-47 所示。

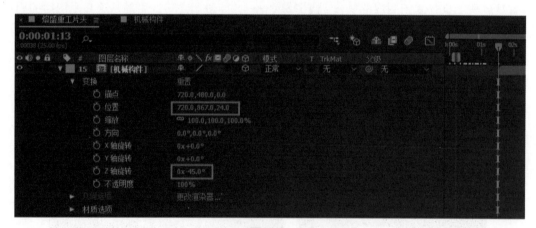

图4-46

下面我们要继续摆放若干个机械构件，以丰富画面效果。每个机械构件的摆放方法大同小异，基本同于上面的步骤，只是它们的位置和角度略有不同，读者可以根据原片头自行设计摆法，也可根据以下的提要进行操作。

从项目窗口中将合成"机械构件"再一次拖入时间线,所得的新图层为了与刚才的图层有所区别,我们修改其名称为"机械构件 2";拖动其图层入点到第 1 秒位置;打开三维图层开关;展开"变换"参数组,设置位置坐标为(188,70,18),Y 轴旋转为 180°,Z 轴旋转为 -76°,得到了一个画面左上角的构件。

从项目窗口中将合成"机械构件"拖入时间线,修改其名称为"机械构件 3";拖动其图层入点到第 3 秒 18 帧位置;打开三维图层开关,展开"变换"参数组,设置位置坐标为(1294,48,25),缩放为 80%,Z 轴旋转为 -35°,得到了一个画面右侧的构件。

从项目窗口中将合成"机械构件"拖入时间线,修改其名称为"机械构件 4";拖动其图层入点到第 5 秒位置;打开三维图层开关,展开"变换"参数组,设置位置坐标为(-237,1061,10),Y 轴旋转为 180°,Z 轴旋转为 144°,得到了一个画面左下角的构件。

从项目窗口中将合成"机械构件"拖入时间线,修改其名称为"机械构件 5";拖动其图层入点到第 6 秒 14 帧位置;打开三维图层开关,展开"变换"参数组,设置位置坐标为(1378,748,-11),X 轴旋转为 180°,Z 轴旋转为 124°,得到了一个画面右下角的构件。当前画面参考效果如图 4-48 所示。

图4-47

图4-48

步骤09 摄像机移动。

接下来我们要创建一个摄像机去拍摄这些 3D 图层,并进行摄像机的后退移动,以完成最后的物体后退并出现落版标志的效果。有心的读者在观看原片头时会发现,画面中许多元素都有一种模糊效果,并且伴随着摄像机后退,模糊程度在增大,也就是说,画面中只有处于摄像机拍摄焦点(Z 轴深度上)上的物体才是清晰的,远离焦点的物体就会自动模糊。我们判断这种效果是用到了摄像机的景深功能。以下就将围绕创建摄像机、设置摄像机景深、制作摄像机移动来讲解。

执行菜单命令"图层→新建→摄像机",弹出"摄像机设置"窗口。虽然前面章节已经对该窗口有所介绍,但这里还是围绕我们将要去实现的景深功能,再对一些重点参数做侧重分析,如图 4-49 所示。

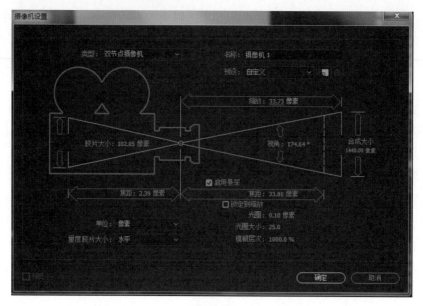

图4-49

① 变焦（Zoom）：描述一种"推拉"镜头的程度，就像使用相机时那样，通过伸长镜头焦距（焦长）来"拉近"与被摄物体的距离，值越大，对应的是焦距越长（镜头伸长），使得到的图像更大，相应的视野范围也就越小。因此，变焦参数实际上是焦长参数的另一种描述方式，两者正向关联。但是笔者发现这个参数有另一个复杂的、容易被忽视的特点：当第一次创建摄像机时，不管设置变焦为多么长或者多么短，画面中的图像也基本不会扩大或者缩小，而是仍然中规中矩地呆在屏幕中大致保持原有的构图，只会稍有透视变化。这是因为在创建摄像机时设置变焦参数，会同时生成一个摄像机前后距离的负值，即摄像机的位置（Position）参数中的 Z 坐标。比如我们创建一个变焦为 2000px 的摄像机，那么摄像机图层的变换参数组中的位置参数的 Z 坐标初始值就为 -2000，二者相互对冲了。After Effects 中有这么一个特性实际上是参照真实摄影当中的"焦距越长，拍摄距离要退远；焦距越短，拍摄距离可以靠近"这一规律，在焦距和摄像机拍摄距离当中取一种恰当的组合，使拍摄主体的大小恰好合适。但是，当摄像机创建好后，再在摄像机图层下方展开摄像机选项，第二次设置变焦参数，这个时候就会得到明显的图像"拉近"或"退远"效果，因为这时摄像机位置参数的 Z 坐标不会再自动改变，After Effects 会允许我们有意识地去设置变焦以达到相应效果。

② 胶片尺寸（Film Size）：值越大，视野越宽；值越小，视野越窄。

③ 视角（Angle of View）：值越大，视野越宽；值越小，视角越窄。

④ 焦长（Focal Length）：此参数对应的是摄影中的焦距，即胶片或 CCD 与镜头、镜片的距离，直观来讲就是镜头的长度。镜头越短即为广角，收纳的景物范围越宽；镜头越长即为长焦，收纳的景物范围越窄。

我们已经知道以上几个参数都能够引起视野的变化，这里就涉及另一个重要问题。视野的宽窄变化所带来的并不只是所收纳景物的多少，也同时带来了透视的改变。越宽的视野，配合较近的拍摄距离，能够产生近大远小、对比强烈的戏剧化透视效果；越窄的视野，配合较远的拍摄距离，产生的是远近物体大小对比不明显的透视效果。透视的艺术效果在摄影摄像、视听语言中被广为应用，在摄影领域，经常用广角来制造强烈透视，长焦来弱化透视。After Effects 为我们提供的以上参数，也能够制造类似效果，在制作 3D 图层运动镜头时尤为明显。After Effects 的摄像机各参数与摄影摄像实践领域中的一些知识可以相互联系、相互借鉴。

⑤ 启用景深（Enable Depth of Field）：景深是一种摄影、摄像常识，简单来说就是可以通过调节一些参数来控制镜头焦点以外的前后景物的模糊范围和程度。本例我们需要用到此功能。

⑥ 焦距（Focus Distance）：需要特别注意这个参数不是前面所说的镜头焦距（焦长），而是景深控制的一个重要参数，它设定从摄像机开始，多少（纵深）距离以外的一个点为最清晰区域。在制作景深效果时需要仔细调试这一参数，使清晰点落在我们想要的物体上。

⑦ 光圈值（Aperture）：光圈大小，在 After Effects 中，光圈与曝光没关系，仅影响景深。其值越大，前后图像清晰范围就越小。

⑧ 模糊层次（Blur Level）：控制景深模糊程度，值越大越模糊。

在本例中，结合场景中物体的位置，经过调试比较，我们确定摄像机主要参数如图 4-48 所示。即：变焦为 33.73 像素，胶片尺寸为 102.05 像素，勾选"启用景深"复选框，焦距为 33.80 像素，光圈值为 25 像素，模糊层次为 1000%。摄像机创建好后，合成预览窗口中的画面自动刷新为"有效摄像机"，即当前创建的摄像机 1 的拍摄结果，效果如图 4-50 所示。

图4-50

下面制作摄像机的移动动画。摄像机从第 8 秒左右开始，用了 1 秒的时间向后移动了一段，使得最后的落版标志出现在画面中。根据经验，这时摄像机的运用方式是在做纯粹的机位变化，即它的位置坐标变化，而不涉及前面所提到的摄像机选项中的变焦、焦长、视角参数，也就是不影响摄像机的视野 / 取景范围，不带来透视变化。这两类摄像机的运用方式读者需要严格区别，它们在影视术语中专门以"推拉镜头"和"移动摄像机"来区别。

明白了原理，接下来的操作很简单。将时间线指针放在第 8 秒 03 帧，打开摄像机 1 的位置关键帧开关，记录下运动开始关键帧；将时间线指针放在第 9 秒位置，设置摄像机 1 位置中的 Z 坐标为 -80，如图 4-51 所示。

图4-51

第 9 秒摄像机退后带来的画面效果如图 4-52 所示。

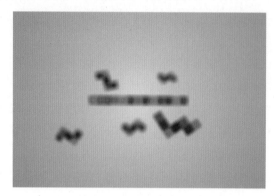

图4-52

⑨ 落版标志的制作。

导入本节的素材"熔盛重工落版标志 .jpg",从项目窗口中将该图片拖入时间线,放在顶层的摄像机图层之下,位于其他所有图层之上。直接按快捷键 Ctrl+Shift+C 将其转换为合成,如图 4-53 所示。

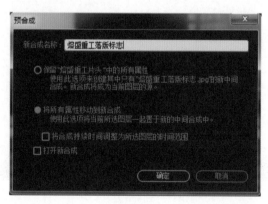

图4-53

双击进入合成"熔盛重工落版标志"内部,我们来给这个标志周围添加一些活动的装饰性元素,原片头中有几种不同形式的构件组合,而这里我们就简单使用已经做好的"机械构件"合成适当点缀即可。

从项目窗口中两次将合成"机械构件"拖入时间线,成为两个图层,放在 JPG 图层下方。将这两个机械构件图层的比例设置为 30%,对其中一个图层执行菜单命令"图层→变换→水平翻转",目的是使两个构件看起来不要完全相同,然后将它们的图层入点拖动到时间线第 9 秒 05 帧左右的位置,两层的进入时间略有差异,如图 4-54 所示。最后在合成预览窗口中,手动拖动两个图层的位置，将它们的位置摆在标志的两个角上，如图 4-55 所示。

图4-54

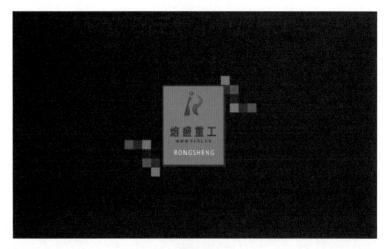

图4-55

在项目窗口中双击合成"熔盛重工片头"回到我们的主合成中，打开图层"熔盛重工落版标志"的三维开关，展开该图层的位置参数，设置位置坐标为（720，480，-46）。注意其中的 Z 轴 -46 这个数值，是经过调试得来的，正好又落在了摄像机景深的清晰点上。然后将该层的缩放参数设置为 150%，适当扩大了标志在构图上的大小。

本例完成，最后的落版效果如图 4-56 所示。本例虽然在细节上与原片头不完全一致，但相关知识点已经全部覆盖了。对于这个范例，读者可更深入做一些艺术上的思考与总结。

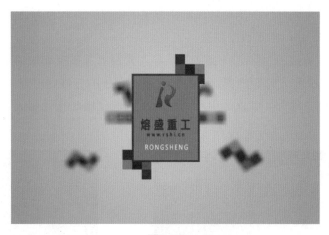

图4-56

AE 第 18 课
立体空间中的卡牌

1. 理论知识：思路与技术分析

用立体空间使摄像机在场景当中自由的活动，展示立体空间中的素材。

2. 范例：立体空间中的卡牌

（1）范例内容简介：将多幅素材在立体空间中排列出来，再在前方放置摄像机，向前推进摄像机拍摄每一幅素材。

（2）影片预览：立体空间中的卡牌 .mp4。

（3）制作流程和技巧分析，如图 4-57 所示。

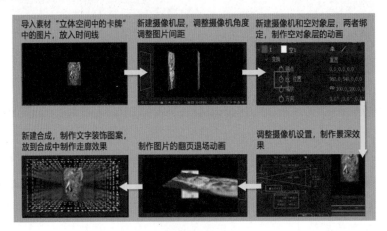

图4-57

（4）具体操作步骤：

进入 After Effects 软件，新建项目，新建合成，设置合成名称为"立体空间中的卡牌"，制式选择 HDTV 1080 25，时间长度任意。

在项目窗口中右键选择"导入→文件"，导入素材"立体空间中的卡片"中的图片。将这些图片从项目窗口中拖入时间线窗口，再打开所有图层的三维图层开关，如图 4-58 所示。如果图片在预览窗口中过大，可以选中所有图片后按快捷键 S 打开缩放开关，调整大小，如图 4-59 所示。

图4-58   图4-59

预览窗口效果如图 4-60 所示。

接下来添加一个摄像机层。右键选择"新建→摄像机"，建立摄像机层后，使用顶部工具栏中的"统一摄像机工具"，如图 4-61 所示。

图4-60   图4-61

在预览窗口中以左键转动摄像机角度（左键调整角度，右键推拉镜头，中键移动摄像机位置），此摄像机目的是临时检查图层的前后摆放情况，下一步中我们不用此摄像机，而是重新建一个正面视角的摄像机，进行正式制作。此时画面摆放效果如图 4-62 所示。

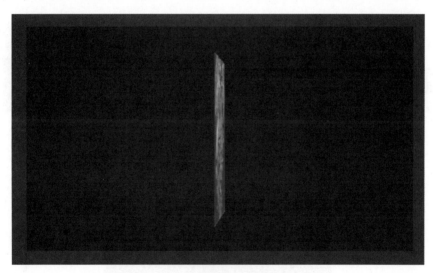

图4-62

然后将所有图片的位置信息打开，可以通过快捷键 P 打开，调整每幅图片的 Z 坐标，如图 4-63 所示，调整好每幅图的间距之后，在时间线窗口中右击，"新建→摄像机"再新建一个摄像机层。此时画面摆放效果如图 4-64 所示。

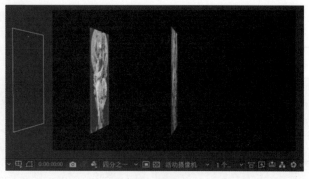

图4-63   图4-64

接下来新建一个空对象层，用于制作摄像机的推进动画，在时间线窗口中右击，选择"新建→空对象"，将摄像机层的父级设置为"空1"，如图4-65所示。

图4-65

打开空对象层的三维图层开关，并在时间线第0帧处打开"空1"的位置关键帧，如图4-66所示。

图4-66

再将时间指示器调整到时间线快结束的位置，调整"位置"中的Z坐标参数，如图4-67所示。

图4-67

将时间线指针调回第0帧，双击摄像机图层打开"摄像机设置"，或单击上方菜单中的"图层→摄像机设置"。勾选"启用景深"复选框，调整模糊层次和光圈大小至画面产生模糊效果，如图4-68所示。

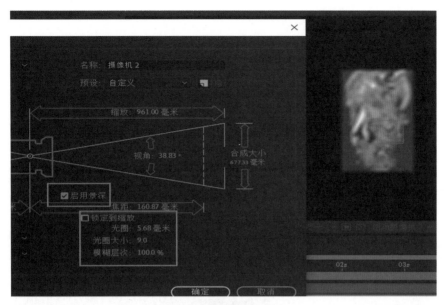

图4-68

　　移动时间指示器到展示第一幅图的最佳位置,取消勾选"锁定到缩放"复选框,调整焦距至图片清晰,如图 4-69 所示。调整好后查看效果是否合适,一直调整到每幅图片都能出现效果。

　　接下来给每一幅图片制作翻转的退出动画,首先找到图片的清晰点,在图片清晰点过后合适的位置,设置"位置"关键帧以及"X 轴旋转""Y 轴旋转""Z 轴旋转"中任意两个的关键帧,

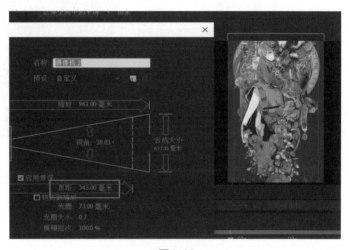

图4-69

如图 4-70 所示。然后将时间线指针向后移动 1 秒左右,修改"位置"参数,直到将图片移出画面。再修改"旋转"参数,大约转动 2~4 圈左右,不需要特别精确,数值自己把握,如图 4-71 所示。之后每一幅图片重复以上步骤(最后一幅图片除外),可以选择一幅图片从左侧移出画面,一幅图片从右侧移出画面进行交替。

图4-70

图4-71

此时图片翻转的效果如图 4-72 所示。

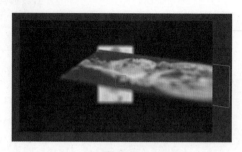

图4-72

接下来制作一个装饰的图案，在项目窗口中右键选择"新建合成"并重命名为"图案"，将高度修改到很大的数值，如图 4-73 所示。在时间线窗口中右键选择"新建→文本"，通过随机打出的文字制作一个装饰用的图案，如图 4-74 所示。

图4-73

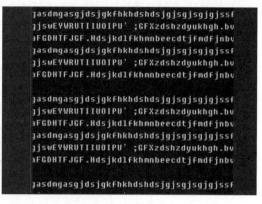

图4-74

最后回到合成"立体空间中的卡牌"中，将合成"图案"拖到该合成中，打开"图案"的三维图层开关，如图 4-75 所示。按快捷键 R，展开调整参数组，调整"方向"中的 X 轴为 90°，调整"位置"，使它位于画面顶部，充当天花板；复制"图案"调整"方向"中的 X 轴为 90°，调整"位置"，使它位于画面底部，充当地板；复制"图案"，调整"方向"中的 X 轴和 Y 轴为 90°，调整"位置"，使它位于画面右侧，充当右侧墙壁；复制"图案"，调整"方向"中的 X 轴和 Y 轴为 90°，调整"位置"，使它位于画面左侧，充当左侧墙壁，制作出走廊效果，如图 4-76 所示。

图4-75

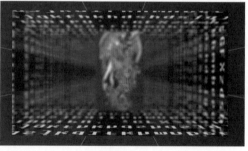

图4-76

第 5 章 抠 像

❑ 学习目的

在影视后期合成领域中，抠像是最常见、最重要的一类特效技术，它可以去除画面中的某些区域，保留另一些区域，便于素材之间以假乱真的结合与重组，常用于蓝屏和绿屏前的人物去背景处理。随着数字化影视后期合成技术自 1980 年以来的突飞猛进，"真人实拍＋抠像"结合 3DCG 元素场景的制作手法，已成为影视制作的典型套路，非常泛滥。读者可观赏相关纪录片《ILM-Creating the Impossible（工业光魔：创造不可能）》了解幕后花絮。本章将带读者尝试使用几种 After Effects 中的抠像特效。

❑ 本章导读

第 19 课　颜色范围抠像
第 20 课　亮度抠像
第 21 课　颜色差值键抠像
第 22 课　差值遮罩抠像

 第 19 课
颜色范围抠像

1. 理论知识：思路与技术分析

抠像（Keying，也称为键控）是以画面中的亮度、色彩或其他像素特征为依据，建立一个轮廓范围（类似遮罩、蒙版，所以有的抠像特效名称中也带有"蒙版"二字），然后去除轮廓以外或者以内的部分，达到使目标素材部分透明的效果。

以色彩为依据的抠像特效，在 After Effects 中有好几种，比如颜色范围、线性颜色键、颜色差值键等，这些特效之间各有不同的操作特点，但如果使用得当，最后的效果是差不多的。本节以"颜色范围（Color Range）"特效为例，讲解去除画面中的特定颜色区域来实现抠像的方法。

2. 范例：游乐场少女

（1）范例内容简介：本范例摘选自笔者在 2021 年的一部获奖作品《星之幻想曲》（首届"成渝杯"数字媒体艺术作品大赛，新媒体艺术类三等奖）的一个镜头。其中的背景粒子效果、背景图片的无限循环移动、木马的随机晃动，都使用了巧妙的手法和特效，读者可通过打开工程源文件进行学习研究。但本例的重点在于对人物素材进行抠像。

（2）影片预览，如图 5-1 所示。

图5-1

（3）制作流程和技巧分析，如图 5-2 所示。

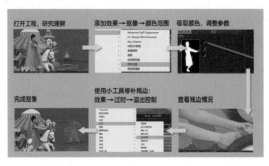

图5-2

（4）具体操作步骤：

打开本节附带的工程源文件"游乐场少女"，可以将合成预览窗口底部的显示质量改为"完整"。因为涉及抠像操作，应以较高质量预览，以便查看细节，检查边缘，如图 5-3 所示。

图5-3

目前给读者的现成的工程文件中，人物身上带有用钢笔工具绘制的粗略遮罩，这也是一种典型的抠像技巧。这种抠像技巧的原则是：离人物较远的地方的绿背景，用绘制遮罩的方法加以去除；离人物较近的贴身区域，用抠像特效加以去除。这是由于人物有一定的活动范围，我们的绘制遮罩只能是一个大范围，去掉远离人物的边缘背景部分（边缘背景部分的颜色往往和中心有一定区别，会干扰抠像运算，所以用钢笔遮罩直接排除是最好的），但无法准确、动态地贴身绘制出遮罩，因此剩下的贴身部分，就交由抠像特效，依托颜色进行处理。

选中人物所在的图层 DSCF8702.MOV，右击添加"效果→抠像→颜色范围"，如图 5-4 所示。

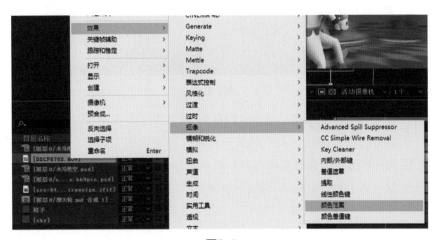

图5-4

添加好特效之后，在左上角一般会弹出"特效控制"（Effects Control）窗口，可设置参数，同样的参数也可以在图层下方展开找到。

首先单击第一个吸管工具，去画面中吸取要去除的颜色——绿色。然后对下方的各个参数进行调整，优化抠像效果。这些参数与用第二个、第三个吸管工具，继续在画面中追加要去除的颜色范围，或者减小要去除的颜色范围，是等效的。因为本次笔者在学校教室架设绿幕拍摄的效果还可以，背景颜色均匀，因此不需要做太多的参数调整，可将最小值（L，Y，R）修改为 151，将最大值（L，Y，R）修改为 242 即可，如图 5-5 所示。

图5-5

在合成预览窗口中放大查看的话，人物周围有一些绿色残边，看起来不自然，如图 5-6 所示。

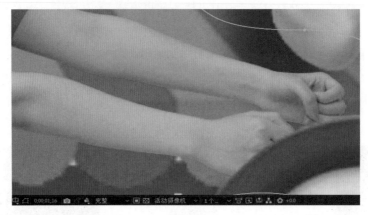

图5-6

对于这种面积不大的抠像残留，After Effects 中提供了若干小工具可以进行残边、杂点的二次修补。比如有三种选择：一是"效果→遮罩→遮罩阻塞工具"，这个工具在本章后面的例子中还会用到，它的可调节参数较丰富，可以对残边进行收缩处理，去杂点效果也很好；二是"效果→抠像→Advanced Spill Suppressor"，是类似于上一种的新推出的特效，功能更为强大；三是"效果→过时→溢出控制"，这个特效参数较为简单，没有残边收缩效果，只是把残边的颜色改得没有那么刺眼。

这里我们用第三种即可。保持图层为选中状态，添加"效果→过时→溢出控制"，如图 5-7 所示。

图5-7

残边中的绿色变成了深色，稍微自然一些了，如图 5-8 所示。

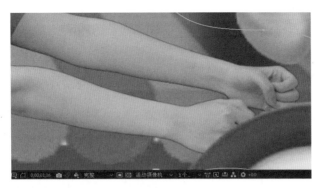

图5-8

本例已制作完成。在影视产业中，西方国家更偏好于使用绿屏抠像，因为不少人的蓝色眼睛与蓝屏颜色接近，抠像时去除蓝色容易意外去掉眼睛；东亚国家更偏好于使用蓝屏，因为黄种人肤色中带有更多的黄绿像素，与绿屏容易混淆。我们此次获奖作品的抠像拍摄环境如图 5-9 所示。

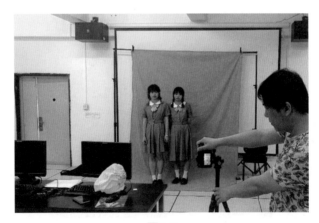

图5-9

AE 第 20 课 亮度抠像

1. 理论知识：思路与技术分析

以色彩为依据的抠像在抠像特效中是主流，但除此之外，根据拍摄条件和素材特点也可以选择一些其他的抠像方式，比如本节的亮度抠像与本章最后一节的差异蒙版抠像。亮度抠像能去除画面中的亮区或暗区，如果素材中要保留的主体（人物等）与背景天然有着很大的亮度反差，边缘截然分明，那么用亮度抠像方式是合理的，比如人物背后是天空，人物穿深色衣服而背景是浅色等。图 5-10 展示了一部好莱坞电影幕后花絮中的亮度抠像。

图5-10

本节中还包含了第二种技巧：对抠像对象的分块、分部分处理。有时候一种抠像参数无法兼顾对象的不同部分，顾此失彼，这种情况下可考虑用遮罩方式，人为划出区域，分别处理。

2. 范例：坦克场景

（1）范例内容简介：本例将使用亮度键特效对一幅带白背景的坦克图片进行抠像，并结合另外两幅图片，合成一幅静帧场景。

（2）影片预览，如图 5-11 所示。

图5-11

（3）制作流程和技巧分析，如图 5-12 所示。

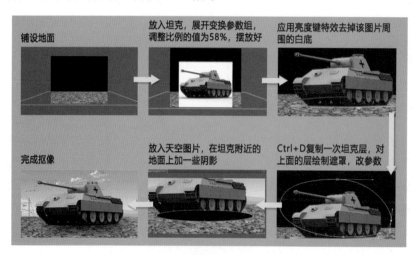

图5-12

（4）具体操作步骤：

新建合成"合成 1"，合成大小可以采用 720×576 像素。

在项目窗口中空白处双击，导入本节素材图片"tank.jpg""cloud.jpg""ground.jpg"，内容分别是坦克、天空和地面。

首先，我们来铺设地面。将素材"ground.jpg"从项目窗口拖到时间线窗口，成为一个图层，打开该层的三维图层开关 。选中该层，展开其"变换"参数组，调整比例的值为 159%，整体放大该层。调整位置参数的 Y 坐标到合理位置，调整 X 轴旋转参数的值为 -90°，如图 5-13 所示。

图5-13

调整后合成预览窗口中的地面位置如图 5-14 所示。

图5-14

接下来放入坦克。将素材"tank.jpg"从项目窗口拖到时间线窗口，放在前一层之上。展开该层的"变换"参数组，调整比例的值为 58%，调整位置参数的 Y 坐标为 357，如图 5-15 所示。画面效果如图 5-16 所示。

图5-15

图5-16

　　下面将应用亮度键特效去掉该图片周围的白底，亮度键（Luma Key，Luma 是英文 Lumination 在影视后期中约定俗成的简写）的原理是以亮度为依据对画面进行局部去除，亮度的两极是黑白，使用时可以选择去除画面中的深黑色部分或亮白色部分。对于这幅图片来说，坦克与白色背景的亮度差异比较大，适合使用该特效。

　　选中图层"tank.jpg"，添加"效果→过时→亮度键"，设置亮度键的键类型为"亮部抠出"，并参照画面效果调整阈值（像一个阀门控制特效的作用程度，临界值），当其调整为 224 时，坦克边缘取得了比较理想的抠像效果，如图 5-17 所示。效果如图 5-18 所示。

图5-17

图5-18

　　但是坦克下方的灰色阴影部分，去除效果就不令人满意了。如果继续调节阈值，上方则又会出现问题。对于一个相对静止的对象，在抠像中遇到这种问题，可以用遮罩将其划分为两部分并分别抠像来解决，如图 5-19 所示。

　　原理是这样的：将图层复制一次，形成两个上下重叠的图层，上层使用刚才的亮度键设置，但要加上一个遮罩从而在底部空缺，透出下层；下层中改变亮度键设置，重点去除灰色阴影，上下互补组成完整坦克。

按此原理进行操作，选中图层 tank.jpg，按快捷键 Ctrl+D 复制一次。选中上面的一层，使用工具栏中的椭圆形遮罩工具 在合成预览窗口中框选坦克上半部，并调整遮罩的四个顶点及手柄，形状大致如图 5-20 所示。

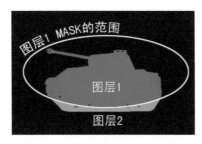
图5-19

图5-20

选中下面的一层，修改亮度键特效的阈值为 60。如图 5-21 所示。坦克抠像大功告成。

图5-21

将素材"cloud.jpg"从项目窗口拖到时间线窗口，放置在最底层。展开该层的"变换"参数组，调整位置参数的 X 坐标为 350，Y 坐标为 297。调整比例参数的值为 110%，将天空背景摆在合适位置。

最后，可以在坦克附近的地面上加一些阴影，以使场景看起来更加真实。在时间线窗口空白处右击，选择"新建→固态层"，颜色为黑色。选中该固态层，使用工具栏中的椭圆形遮罩工具 ，沿坦克底部附近绘制一个窄长的遮罩。按快捷键 M 展开遮罩的参数设置，调整遮罩羽化的值为 76，以柔化阴影边缘，如图 5-22 所示。

在时间线窗口中调整层与层之间的上下顺序，将黑色固态层移到坦克与地面之间，如图 5-23 所示。本例大功告成。

图5-22

图5-23

AE 第 21 课
颜色差值键抠像

1. 理论知识：思路与技术分析

颜色差值键是以色彩为依据的一种抠像特效。通过吸管取色和参数调整，逐渐取得抠像效果。它将图像分阶段处理的结果最终合成在一起。颜色差值键特别适合处理含有透明区域的图片或视频，如烟雾、阴影、玻璃等。

2. 范例：玻璃杯抠像

（1）范例内容简介：用颜色差值键方式对玻璃杯进行抠像，并用玻璃茶几的图像替换背景，组成合成画面。

（2）影片预览，如图 5-24 所示。

（3）制作流程和技巧分析，如图 5-25 所示。

图5-24

图5-25

（4）具体操作步骤：

新建项目，在项目窗口中新建合成，设置合成名称为"玻璃杯抠像"，选择制式为 PAL D1/DV。在项目窗口中双击右键，导入本节素材"bottle.jpg"和"table.jpg"。将导入后的素材"table.jpg"（玻璃茶几）拖入时间线，作为底层背景。

玻璃茶几素材的尺寸小于 720×576 像素的合成窗口大小，这是素材导入后的常见问题。我们应在合成窗口中手动拉伸该图层，改变其大小使之匹配合成窗口，如图 5-26 所示。

从项目窗口中将素材 bottle 拖入时间线窗口，放置在图层 table 的上方。同样，在合成窗口中手动拉伸其大小，使之略微缩小，并移动到画面左侧，如图 5-27 所示。

图5-26

图5-27

在没有抠像以前，玻璃杯原有的灰色背景盖住了底层的玻璃茶几，画面看起来明显由两幅图片组成。我们要做的正是去掉灰色背景，达到替换背景的效果。

接下来只需对图层 bottle 操作即可。在图层 bottle 上右击，选择"效果→抠像→颜色差值键"添加该效果。添加效果后，在项目窗口旁会弹出一个"特效控制台"窗口，我们可以在此设置特效的各项参数（或者在图层下方展开），设置颜色差值键的参数如图 5-28 所示。

读者跟着以上步骤做完，可能会知其然而不知其所以然，其实大部分数据只是吸管在画面中选取操作的结果。在实际做的时候，可以先在视图 A 当中用吸管选取要"键出"的最大面积键色，再在视图 B 中选取其他需要键出的颜色，并且都可以加选或减选，给了读者很大的操作空间。A 视图和 B 视图中所有保留的部分（白色部分），构成了最后的 α 通道。

这样抠像出来的玻璃杯有一点"淡"，图像去除得有点过度透明了。可以用一个技巧来修正，

图5-28

就是图层副本叠合。选中图层 bottle，按快捷键 Ctrl+D 复制图层两次，最后得到三个图层上下叠合，使图像得到了强化，如图 5-29 所示。最终效果如本节开篇图 5-24 所示。

图5-29

AE 第 22 课
差值遮罩抠像

1. 理论知识：思路与技术分析

差值遮罩抠像是 After Effects 中的一种比较特殊的抠像特效，它不像一般的蓝屏绿屏抠

像那样要求单色背景，而只需借助一幅同一位置拍摄的空景图像即可实现抠像，从而降低了制作影片时拍摄、准备的难度。不过其对空景图像的要求较高，实际很难取得理想的效果，因此该特效并未成为抠像特效中的主流，只在少部分情况下适用。读者可通过本例制作，自己评判其优缺点。

2. 范例：制作沙滩上的女孩

（1）范例内容简介：本例的影像素材是在城市里拍摄的，我们将用差值遮罩（也可以叫差异蒙版）特效对其进行抠像，最终将素材中的人物放进一个沙滩场景中，达到"移花接木"的效果。

（2）影片预览：沙滩上的女孩 .wmv。

（3）制作流程和技巧分析：① 将影像素材、空背景素材、海滩素材放入时间线；② 用差值遮罩特效对影像进行抠像；③ 用遮罩阻塞工具辅助处理；④ 调整人物明暗对比度。

（4）具体操作步骤：

新建合成"合成 1"，画幅 1920×1080 像素，方形像素宽高比，长度为 10 秒。

导入视频素材"MVI_8795.wmv"，将其从项目窗口中拖入时间线。（本例做演示时所用的一个视频素材 Girl.avi 由于年代久远丢失，现换用新拍摄的素材 MVI_8795.wmv 代替 Girl.avi，具体操作大同小异，制作原理都一样）。视频素材 MVI_8795.wmv 中的人物出现时间比较靠后，所以可以拖曳素材，将其入点向时间轴左边移动，直到人物出现在画面中。

再导入素材"空背景 .psd"，拖入时间线放在图层"MVI_8795. wmv"下方。这种空背景其实也是读者预先截取自同一个视频（MVI_9795.wmv）的，只是在没人的那一帧做了一个单帧输出。以后读者可自己拍摄试验，单独拍一幅照片也行，因为这个差值遮罩要求空背景绝对稳定，用图片是最好的选择。时间轴窗口如图 5-30 所示。

图5-30

这时可反复单击图层"MVI_8795.wmv"的显示/隐藏开关 ⊙，与下方的图层"空背景 .psd"作对比观察。我们看到这是两段同一位置同一景别拍摄的素材，唯一不同的是上边一层有人物，而下边一层是空景。差值遮罩的原理即是：匹配当前层与参考层，查找出它们差异的部分，据此产生出遮罩的形状。上边图层中的人物是下边图层没有的，因此将在每一帧生成与人物外轮廓相同的遮罩，键出（剔除出）遮罩以外的部分实现抠像，如图 5-31 所示。

导入素材图片"海滩 .bmp"，将其拖入时间线窗口，放在图层"MVI_8795.wmv"和图层"空背景"之间，并适当缩放其大小，让海滩充满画面。这一层充当背景，也正好挡住下方的空背景。空背景层不需要显示出来，可以隐藏起来或者用其他层遮挡。

图5-31

选中图层"MVI_8795.wmv"，右键添加"效果→抠像→差值遮罩"。按快捷键 E 在该图层下方展开差值遮罩的参数设置，在"差值图层"后面的下拉列表中选择"空背景 .psd"以指定参考比较层，如图 5-32 所示。

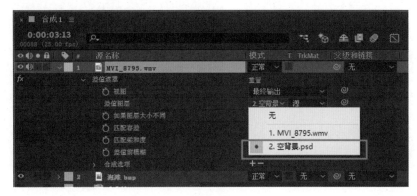

图5-32

现在差值遮罩特效已参照空背景层对当前层进行了抠像，只是默认的抠像范围还不理想。修改匹配容差的值为 2.4%，如图 5-33 所示。效果如图 5-34 所示。

图5-33

图5-34

从画面效果上看，当前的匹配容差值，让人物身体得以保留完整，但背景中残留了很多杂点未能去除，这将在下一步中解决。

我们再添加一个专门与各种抠像特效配合使用的"遮罩阻塞工具"特效来去除杂点。为图层"MVI_8795.wmv"添加"效果→遮罩→遮罩阻塞工具"。在默认设置下背景杂点就被消除了很多，如果消除得不够，可以在时间轴窗口或者特效控制窗口中，选中已添加的遮罩阻塞工具，按快捷键 Ctrl+D，复制一个同样的特效进行二次消除，杂点基本就被去除干净了，如图 5-35 所示。

知识延展：遮罩阻塞工具中的"阻塞1""阻塞2"参数可控制人物边沿及杂点的去除程度（正值为收缩去除，负值为扩张保留），几何柔化和灰阶柔化是用不同的计算方法产生蒙版边缘柔化，用于润饰人物边缘。

抠像完成后还要考虑人物与背景的视觉协调，从画面上看人物的亮度需要增强。选中图层"MVI_8795.wmv"，添加"效果→颜色校正→色阶"，展开"色阶"参数组，修改参数如图5-36所示。

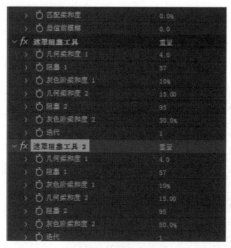

图5-35

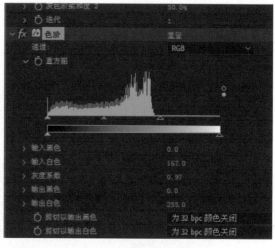

图5-36

画面效果如图5-37所示。本例基本完成，差值遮罩特效在做对比计算时非常严苛，空背景层与抠像素材间即使只有一点光线变化（人物站到环境中产生的阴影、日光变化等），或者人物身上具有与背景接近的像素色彩（白色上衣与灰色地面等），都会造成差异蒙版抠像不准确，要么人物穿透，要么残留较多，这种问题在后期制作时是无力回天的。所以说差异蒙版的设计理念是很好的，但实际中局限较大，请读者谨慎使用。

另外笔者还做了一个试验，在上课时间的教室外拍了四段同一人物的视频，然后都使用差值遮罩，与空背景进行抠像运算，使四段视频结合在同一画面，效果如图5-38所示。

图5-37

图5-38

第 6 章　Z 通道

□ **学习目的**

　　本章将介绍影视后期合成领域中的重要专业性知识——Z 通道的概念，并分别示范 3D 通道特效组中的两个特效——场深度（Depth of Field，又译景深）、深度遮罩的典型用法。另外，Z 通道主要是针对三维模型素材的，因此本章的内容又会涉及 3ds Max 为代表的三维动画软件的应用。

□ **本章导读**

　　第 23 课　景深特效
　　第 24 课　深度遮罩特效

 **第 23 课**
景深特效

1. 理论知识：思路与技术分析

　　影视后期合成领域中的 Z 通道（又名 3D 通道，或深度通道），指的是如下概念：三维软件制作的场景中，每个物体都拥有 X、Y、Z（水平、垂直、纵深）三向坐标。当将场景输出为普通的二维图像或影片时，所有物体相当于都被映射为一个平面呈现，丢弃了 Z 轴坐标，如图 6-1 所示。但在后期合成软件里，有时想对素材中具有不同深度的物体加以识别辨认，区别处理，如制造前后景之间的景深模糊或逐次显隐物体，普通的图片中没有 Z 轴信息就无法实现。为了保留三维物体的深度信息给合成软件，就有了一类附加了"Z 通道"，即 Z 坐标信息的图像格式，如 rla、rpe、iff 格式。三维软件在渲染单帧图片或序列图片时，只要稍加设置，就可以附加 Z 通道信息，然后 After Effects 软件在导入这些单帧或序列图制作影片时，就可以读取到 Z 通道信息，并进行下一步处理。

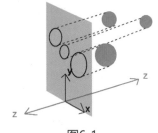

图6-1

2. 范例：书桌场景

（1）范例内容简介：在 3ds Max 中打开本节提供的一个现成场景文件"书桌"，进行 Z 通道输出设置。然后在 After Effects 软件中导入素材，用景深特效，在一幅图片上制作出前后不同的模糊效果。

（2）影片预览：如图 6-2 所示。

图6-2

（3）制作流程和技巧分析：

打开 3ds Max 文件，输出带有 Z 通道的图像→在 After Effects 中导入素材"书桌 .rla"，对其添加景深效果，试验性地调节各参数，在图像中制造出虚实关系→复制图层，在上层中用深度蒙版效果剔除报纸以外的部分→对报纸添加 CC 调色效果校色。

（4）具体操作步骤：

启动 3ds Max 软件，打开第 23 课教学资源文件夹中的 3ds Max 场景文件"书桌"。用鼠标中键单击 Perspective（透视）视图，也可以按快捷键 Alt+W 最大化视图，可以看到这是一个非常简化的三维场景，前景的一个平面代表桌面，背景一个立面代表客厅，如图 6-3 所示。

图6-3

单击工具栏中的"Render Setup（渲染设置）"按钮，在弹出的渲染设置窗口中进行设置，如图 6-4 所示。

① 选择输出时间范围为"Single（单帧）"。

② 设置输出尺寸为 1440×960 像素。

③ 在 Render Output 下勾选"Save File"复选框，然后单击右侧的"File"按钮。

④ 在弹出的"保存文件"对话框中，输入自定义的保存路径和文件名称，可命名为"书桌"，然后在"保存类型"下拉列表中选择文件格式为"RLA Image File（*.rla）"。

⑤ 单击"Setup"按钮进入格式具体设置，在弹出的对话框中，勾选"Z Depth"复选框，这样图像输出时便有了 Z 通道。

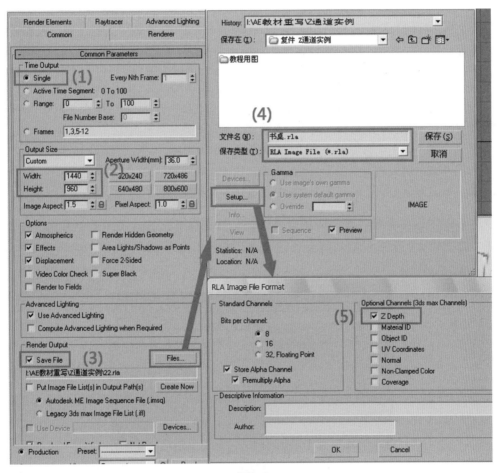

图6-4

设置好后单击"确定"按钮并关闭渲染设置窗口，单击工具栏目中的"Render Production（渲染）"按钮渲染图像。

接下来我们将在 After Effects 中用刚才输出的素材图像制作景深模糊效果。启动 After Effects 软件，新建项目。新建合成"合成 1"，制式 PAL D1/DV（或者是其他规格，读者可自行选择），长度 10 秒。导入刚才渲染好的图片"书桌.rla"，导入时弹出"定义素材"对话框，选择第二项"直通 - 无蒙版"即可。从项目窗口中将素材"书桌 .rla"拖到时间线，按快捷键 S 展开该层比例属性，设置比例的值为 62%，如图 6-5 所示。

图6-5

对图层"书桌 .rla"右键添加"效果→ 3D 通道→场深度"。

3D 通道这个特效组一般位于我们特效菜单中的第一排，其中的所有特效都是针对带 Z 通道的图像起作用的。当前添加的场深度（Depth of Field）特效是用来制作景深模糊效果的，概念与摄影中的景深接近，所以笔者将这个特效称为景深。

按快捷键 E，在图层下方展开景深的参数组，四个参数的含义如下：

● 焦点平面：空间中可前后（沿Z轴）移动的一个虚拟平面，Z轴上越靠近焦点平面的物体越清晰，越远离的越模糊。调节该参数可选择前后景物体的虚实。
● 最大半径：设定景深的模糊值，即虚化程度、模糊量。
● 焦面厚度：扩大和缩小场景中焦点平面周围清晰部分的范围。
● 焦点偏差：设定从清晰到模糊之间的过渡区域（半模糊区）的大小。

我们知道了这些参数的含义后就可以来试验性地调节它们，在图像中制造一些虚实关系，可以试着将焦平面在图像的前后景间移动，找到有效范围。本例中的参考设定如图 6-6 所示。

图6-6

画面效果如图 6-7 所示。可以看到只有报纸中心部分清晰，远处和近处都有了模糊效果。

景深效果做完后，我们再来对前景中报纸的色调做进一步的修饰。现在面临的问题是想要单独选取前景的报纸，而报纸与背景是同一幅图像，如果按照传统的思维就要画蒙版（Mask）选区，但对于带有 Z 通道的素材，我们可以使用另一个特效"深度遮罩"，以遮挡掉与报纸深度不同的背景部分，达到单独选取的目的。

在时间线窗口空白处单击取消选择，再重新选中图层"书桌 .rla"，按快捷键 Ctrl+D 复制一层。对上面的那一层右键添加"效果→ 3D 通道→深度遮罩"。展开"深度遮罩"的参数组，设定景深的值为 -440（这里的景深是深度遮罩特效内部的参数，与刚才的景深特效不同），效果是正好挡掉了背景，保留了报纸（可关闭下层的 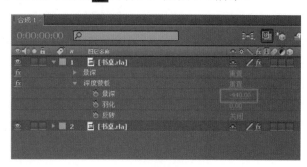 查看），如图 6-8 所示。

图6-7

图6-8

最后，对上面的那一层继续添加"效果→颜色校正→ CC 调色（CC Toner）"，展开 CC 调色的参数，将中值的颜色设置为 #AB916F 即可，如图 6-9 所示。

图6-9

最后效果如本例开篇的图 6-2 所示。完成本课特效后，读者可选择菜单中的"合成→帧另存为→文件"，将结果输出为图像保存。

AE 第 24 课
深度遮罩特效

1. 理论知识：思路与技术分析

深度遮罩特效能够依据 Z 通道，遮挡特定深度上的物体，相当于让前后某些位置上的物体隐藏。这在影视合成中是很有用的，比如在 3D 软件中做出了千军万马或者漫天飘花的大场景，在后期中，可以依据深度通道，进行纵深区分处理。典型手法是这样的：同样的一段素材复制了好几层后，有的层利用深度遮罩隐藏靠后位置物体，那么这层就成了前景；有的层利用深度遮罩隐藏靠前位置物体，那么这层就成了背景。这样不同的层就充当起了前后景，然后可以选择在远处的层上加入一些模糊或者大气白雾处理，营造空间感，还可以在后期中把一些新元素"穿插"到原有的人群队伍中部（前后景图层之间），等等。任何特效都可以只加在前景层或背景层上，这样最终画面就具有了各种纵深上的细腻变化。

2. 范例：五角星变色

（1）范例内容简介：本例只演示深度遮罩的一种运用，就是设置深度遮罩特效中的"景深"参数的关键帧，让遮断深度随着时间快速变化，由近到远的退掉这一层，显示出下面的一层，从而制作出五角星变色的小动画。

（2）影片预览：变色 .wmv。

（3）制作流程和技巧分析，如图 6-10 所示。

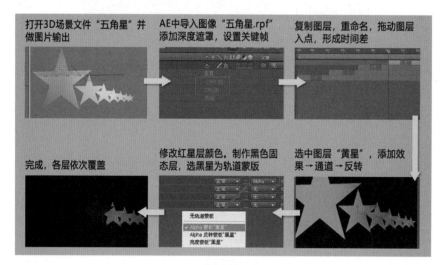

图6-10

（4）具体操作步骤：

启动 3ds Max 软件，打开 3D 场景文件"五角星 .rpf"，单击鼠标中键选择 Perspective（透视图），如图 6-11 所示。单击■按钮打开"渲染设置"窗口。设置与上一节基本一致，输出文件名修改为"五角星"，保存类型选择另一种带 Z 通道的图像格式"RPF Image File（*.rpf）"，同时不要忘记在"设置"中勾选"Z Depth"复选框。设置好后单击■按钮渲染图像。

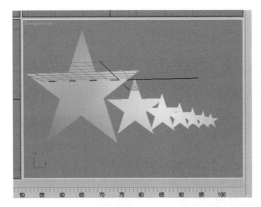

图6-11

切换到 After Effects 软件，新建合成"合成 2"，制式为 PAL D1/DV，长度 10 秒。

导入图像"五角星 .rpf"，从"项目"窗口中拖入时间线，按快捷键 S 展开其比例属性，设置比例的值为 70%，如图 6-12 所示。

图6-12

选中图层"五角星 .rpf"，右键添加"效果→ 3D 通道→深度遮罩"。

按快捷键 E 展开"深度蒙版"参数组，首先修改羽化值为 230（羽化决定了五角星出现时有一定模糊淡入效果），然后将时间线指针放在第 0 秒 10 帧的位置，打开景深参数（景深参数这里是设定遮断深度用的）前面的关键帧开关 ⏱，记录下第一个景深关键帧；将指针移动到第 3 秒位置，修改景深的值为 −2360，得到第二个关键帧，如图 6-13 所示。

图6-13

画面中出现了五角星由近到远依次淡入的动画，如图 6-14 所示。

接下来要制作三个不同颜色的五角星图层，让它们逐次出现并覆盖，从而实现变色的效果。选中图层"五角星.rpf",按 Enter 键,修改图层名称为"蓝星"。按快捷键 Ctrl+D 复制图层三次,然后从上到下依次命名为"黑星""红星""黄星",如图 6-15 所示。

图6-14

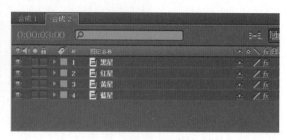

图6-15

在时间线窗口中拖移图层"黄星",使其入点对齐第 2 秒;拖移图层"红星",使其入点对齐第 4 秒;拖移图层"黑星",使其入点对齐第 6 秒。这样一来各层有了一个逐次出现的时间差,如图 6-16 所示。

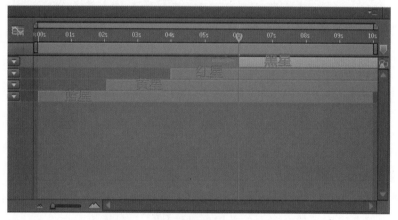

图6-16

选中图层"黄星",右键添加"效果→通道→反转",由于蓝色的互补色是橙黄,所以该层五角星颜色被反转之后为橙黄色,如图 6-17 所示。

图6-17

选中图层"红星"，我们换一种方式来改变它的颜色：右键添加"效果→色彩校正→色相／饱和度"，展开效果参数，修改主色调的值为 0x+159°，主饱和度的值为 -20，效果是该层五角星变为红色，如图 6-18 所示。

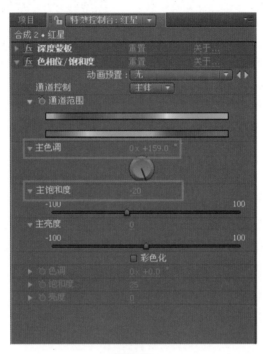

图6-18

新建一个黑色固态层(纯色层)，放在图层"红星"和"黑星"之间，设置其轨道蒙版层为"黑星"。结果是 6 秒之后黑色的五角星覆盖了所有图层，五角星消失，如图 6-19 所示。

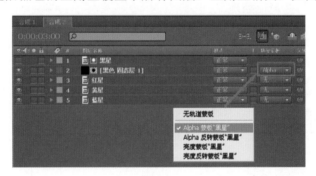

图6-19

本例制作完成后，不同颜色五角星依次覆盖，而它们的显隐正是由深度遮罩决定的。选择菜单"合成→添加到渲染队列"，渲染影片。

第7章 调 色

 **第 25 课
夜景制作**

1. 理论知识：思路与技术分析

　　影视拍摄时，夜间取景不便，有时候可以使用后期手法，将白天拍摄的视频素材，加以调色，处理成夜景效果。本例介绍一种夜景后期制作方法。

2. 范例：夜景制作

　　（1）范例内容简介：将一幅白天拍摄的照片，与蓝色固态层进行图层混合产生夜景效果，再用通道混合器效配合遮罩，模拟制作出夜间灯光的场景氛围。

　　（2）影片预览，如图 7-1 所示。

图7-1

（3）制作流程和技巧分析，如图 7-2 所示。

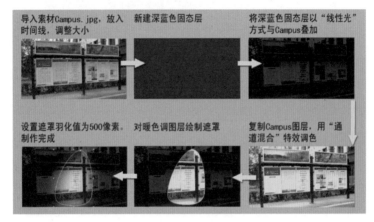

图7-2

（4）具体操作步骤：

进入 After Effects 软件，新建项目，新建合成，设置合成名称为"校园夜景"，制式选择 HDTV 1080 25，时间长度任意。

在项目窗口中双击，导入素材"Campus.jpg"。将其拖入时间线窗口，成为一个图层。展开该层的图层属性，调整位置参数和比例参数，使该图像在合成预览窗口中的位置如图 7-3 所示。

图7-3

夜景制作方法相对简单，只需用一个带颜色的固态层，再叠加原层即可。在时间线窗口中右击，选择"新建→固态层（Solid Layer，或者翻译为纯色层）"，设置固态层的颜色为深蓝色（#111D49），如图7-4所示。

图7-4

将深蓝色固态层放置在图层"Campus"上方，再设置深蓝色固态层的图层叠加模式为"线性光"，如图7-5所示。夜景就制作完成了，效果如图7-6所示。夜景处理的关键在于：对深蓝色层的图层叠加模式的选择与对深蓝色层透明度的设置，最好能够充分保留原图的细节，让暗部也能看到东西。

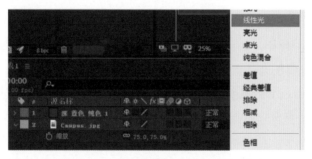

图7-5

图7-6

下面为已经制作好的夜景画面再添加一盏"灯光"。在这样一幅夜景底图上制作灯光、光照效果有很多种办法，比如读者可能会想到用色阶、曲线等特效，或者利用照明图层、叠加一个暖色固态层等。但这里我们将采用一种制作步骤最少，图像质量损失最小的方法来制作，即复制一个原图像层，用特效将它的颜色"变暖"，从而形成与蓝色调的对比的"灯光色"，最后用遮罩限定该层的范围，模拟灯光的照射范围与衰减。

在时间线窗口中选中图层"Campus"，按快捷键 Ctrl+D 复制一次，将复制出来的副本层移动到深蓝色固态层的上方，重命名为"暖色调"，如图 7-7 所示。

图7-7

对图层暖色调添加"效果→颜色校正→通道混合器"，在特效控制台中设置通道混合器的参数，将"红色 - 蓝色"值改为 90，将"绿色 - 蓝色"值改为 38，将"蓝色 - 绿色"值改为 -41，如图 7-8 所示。

现在处于最上层的"暖色调"图层整体被修改为如图 7-9 所示的色调。这一层整体被"打亮了"，没有了夜景的感觉，所以我们要限制该图层的范围，使其效果就像是一盏路灯投射下来的灯光，这时就需要遮罩了。选中图层"暖色调"，用工具栏中的钢笔工具█在合成窗口中对其绘制遮罩，如图 7-10 所示。

图7-8　　　　　　　　　　　　　　　　　图7-9

图7-10

最后一步是在时间线窗口中展开"暖色调"层的图层属性，展开蒙版的参数，设置蒙版羽化为 400~500 像素之间，如图 7-11 所示。最终效果如本节开篇的图 7-1 所示。

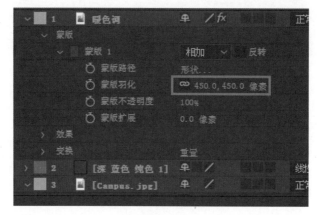

图7-11

除此之外，还可以采用本节提供的另一幅图像素材"城堡"，仿照上面的步骤，制作城堡夜景效果。稍有不同之处是，可以将城堡复制两层，左右拼接起来；可以在暖色调层上，画出若干城堡窗户形状的透光处。这个范例是我们课堂上经常采用的，进一步在城堡上空添加由"四色调＋波形变形"特效制作的北极光，该范例可以在本例附带工程文件中查看，如图 7-12 所示。

图7-12

AE 第 26 课
汽车大变色

1. 理论知识：思路与技术分析

本节将学习"色相位 / 饱和度"特效的使用，该特效除了能对素材整体进行色相改变、饱和度改变以外，还有一个不易察觉的强大功能——选区调色，可以单独选出画面中的一种或几种色彩区域，单独改变其色相、饱和度等，如此一来，就可以制作出类似电影《辛德勒名单》中著名的红衣小女孩特效，以及其他更多的视觉效果，如图 7-13 所示。

图7-13

2. 范例：汽车大变色

（1）范例内容简介：充分发挥色相位 / 饱和度特效强大的选色与改变颜色功能，选定汽车车身的颜色范围，然后单独改变车身的颜色或者背景的颜色，制作出多种效果。

（2）影片预览：如图 7-14 所示。

图7-14

（3）制作流程和技巧分析：如图 7-15 所示。

图7-15

（4）具体操作步骤：

新建一个合成来制作本例内容，设置合成名称为"汽车大变色"，制式为 HDTV 1080 25，时间长度任意。

在项目窗口空白处双击，导入素材"red car.jpg"，将其拖入时间线，成为一个图层。画面内容如图 7-16 所示。

图7-16

我们来尝试第一种操作：让汽车变色。选中图层 red car，对其添加"效果→颜色校正→色相位 / 饱和度（Hue/Saturation）"。该特效的强大之处在于，不仅可以对素材整体调色，还可以选择画面中的某一色彩区域单独校正（校正色相、饱和度、亮度）而不影响其他色彩区域，我们要做的是只改变小汽车的颜色，所以需要先"界定"出与红色车身相同的色彩范围。

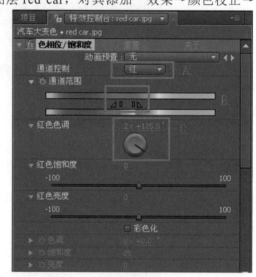

下面在特效控制台中对色相位 / 饱和度特效设置具体参数。

① 在"通道控制"的下拉列表中选择红色，意思是我们在画面中界定、选定出了红色，只对红色色彩区域进行单独影响。

② 若红色区域界定得不够准确，可以手动调整，将"通道范围"色谱下方的四个滑块分别向左移动一点（三角形为排除滑块，方形为选定滑块），使界定出来的红色更偏紫色，远离黄色，以免选到画面中人物脸上的颜色。

③ 界定好红色之后，拨动"红色色相"下方的转盘（或直接以数字修改角度值），此操作相当于改变色相，就可以把画面中红色的汽车变为任意颜色。大家可尝试将汽车变为绿色、黄色、蓝色。参数设置如图 7-17 所示。画面效果如图 7-18 所示。

图7-17

图7-18

我们再来尝试第二种操作：汽车本身的颜色不变，让周围的背景全部变为灰色。这实际上是一种以突出主题色为目的的色彩夸张方式，类似于上面提到过的电影《辛德勒名单》红衣女孩的经典镜头。

与本例的第一种操作相比，这就像是一种对红色小汽车颜色范围的"反选"。如何反选呢？"通道范围"的色谱下方总共有四个滑块，它们框出了所要"界定"的颜色，我们就把左侧的两个滑块（一个三角形和一个方形）一直向左拖动，直到它们从右侧循环出来到达靠近右侧两个滑块的位置；再让原来右侧的两个滑块略微移动到原左侧的二个滑块的位置。滑块最后的位置如图 7-19 所示。

经过这样一个循环，红色反选就完成了。最后，将 "红色饱和度"滑条拖至最左边，即降低为 -100，使背景变为灰色，如图 7-20 所示。画面最终效果如图 7-21 所示。

图7-19

图7-20

图7-21

AE 第 27 课
主题色与基调色处理

1. 理论知识：思路与技术分析

在影视后期中，有时可以用主题色与基调色的控制处理，来强化叙事或者美化画面。好的影视画面能够让人们对其中传达的重要信息一目了然，也就是要突出主体，比如，某一个影视镜头的叙事内容是一个使者进入了城门，这个镜头中就应该让使者成为视觉中心，而不是旁边卖菜的小贩等人物。怎么实现呢？一本老书《美国纽约摄影学院教材》里讲了十种突出主体的方法，包括构图、光影等，而我们这里要说的是用色彩的方法，即用主体色与基调色去制造画面的主次关系。

在影像作品中，可以选择主体身上的一种标志性色彩作为主题色（最好在背景中不要大量存在），如服饰、皮肤、头发的颜色，作为吸引观众的视觉中心。反之，将背景环境等所有次要内容统一到另一种色调中，成为基调色，以减少背景中的色彩复杂度和喧嚣性，以便更好地衬托主题色。常见的基调色可以选择令人视觉愉悦的青色或蓝色，也可以选择主题色的补色做基调色，还可以用低饱和度的灰色做基调色，如图 7-22 所示。

图7-22

将画面概括为主题色与基调色，是一种主观性的艺术处理，其程度应该根据自己的创作意图和作品风格来决定。电影《辛德勒名单》中的红衣小女孩走在灰色街道上的场景，是主题色和基调色控制得最极端的情况。

2. 范例：动画场景重新调色

（1）范例内容简介：本例将对一幅动画场景图片进行重新调色处理，使其呈现出主题色与基调色的二元对比，令画面主次分明，层次清晰。作用于图片和作用于视频，方法完全一样，基本适用于各种素材。After Effects 中实现主题色和基调色的此种手法，属于本书作者原创的独门秘籍，今后可供大家在影视后期创作中使用。

（2）影片预览：可以调出不同的主题色与基调色组合，红绿色调如图 7-23 所示。旧黄色调如图 7-24 所示。

图7-23

图7-24

（3）制作流程和技巧分析：在"红绿色调"合成中，制作主题色层→制作基调色层→图层混合，使主题色层与基调色层叠加，完成第一种色彩搭配设计。在"旧黄色调"合成中，制作主题色层→制作基调色层→图层混合，使主题色层与基调色层叠加，完成第二种色彩搭配设计。

（4）具体操作步骤：

步骤01 在"红绿色调"合成中，制作主题色层。

启动 After Effects，新建项目"主题色与基调色"，在项目窗口中右击，选择"新建合成组"，建立一个名为"红绿色调"的合成，画幅尺寸为 1920×1080 像素，时间 10 秒。如图 7-25 所示。

在项目窗口中双击，导入素材"千寻场景 .jpg"。将其拖入时间线成为一个图层，选中该层，按 Enter 键，将图层名称修改为"主题色层"，按快捷键 S 展开其比例参数，修改比例为 108% 使之填满画面，如图 7-26 所示。

图7-25

图7-26

接下来决定一种主题色，并对剩余的基调色区域进行归纳处理。我们先尝试选择沙发的红色作为主题色（选择沙发为主体）。

选中图层"主题色层"，右键添加"效果→色彩校正→色相/饱和度"，然后在特效控制台或者时间线窗口图层的下方，进一步设置"色相位/饱和度"的参数。设置通道控制为"红"，手工调整通道范围滑条的四个滑块，默认是方形滑块之间为选中区域（红），三角形滑块之外为排斥区域（红色以外）。现在我们反转它们，让三角形滑块之间的排斥区域为红，方形滑块之间的选中区域为剩余颜色，拖动滑块调整。调整后选中的是红色以外的颜色区间，将饱和度参数降低为–100，将亮度参数降低为–100，如图7-27所示。得到的效果如图7-28所示。

图7-27

图7-28

将主题色以外的区域的饱和度和亮度降低，对下一步至关重要，只有这样，才能让主题色图层能够与基调色图层混合。这是笔者在实践中探索出来的经验。

步骤02 制作基调色层。

在时间线窗口空白处单击取消选择，再重新选中图层"主题色层"，按快捷键Ctrl+D复制图层，将复制出来的新层命名为"基调色层"，并放置在"主题色层"下方。这一层提供的是画面基调色，我们计划用绿色做画面基调色，对红色形成反衬。选中图层"基调色层"，右键添加任意一种颜色校正类效果，比如"效果/色彩校正/CC色彩偏移"，设置CC色彩偏移中的红色相位为–80°，绿色相位为13°，蓝色相位为–55°，如图7-29所示。

临时关闭图层"主题色层"的显示/隐藏开关👁，单独预览底层的色彩效果，如图7-30所示。

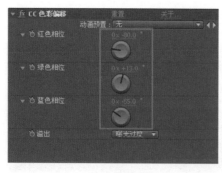

图7-29

图7-30

步骤03 图层混合，使主题色层与基调色层叠加。

最后，打开"主题色层"的显示/隐藏开关👁，将该层的图层叠加模式设置为"亮色"，完成了主题色与基调色的结合（主题色与基调色的图层叠加模式较为关键，一般为亮色或者线性减淡），最终效果如本节开篇的图 7-23 所示。

步骤04 在"旧黄色调"合成中，制作主题色层。

我们再用同样的素材来制作另一组主题色/基调色效果。在项目窗口中右击，新建合成"旧黄色调"，合成设置与"红绿色调"一样，画幅尺寸为 1920×1080 像素，时间为 10 秒。从项目窗口中将刚才用过的素材"千寻场景.jpg"拖入合成"旧黄色调"的时间线，成为图层。

选中图层"千寻场景"，按 Enter 键，将其更名为"主题色层"，按快捷键 S 展开其比例参数，将比例设置为 108%。对图层右键添加"效果→颜色校正→色相位/饱和度"，然后在特效控制台窗口或者时间线窗口对应图层的下方，进一步设置"色相位/饱和度"的参数。这次我们选择图中千寻着装中的绿色作为主题色加以保留，而将绿色以外的颜色区域归纳为基调色。设置通道控制为"绿"（其实一开始设置为什么并不重要，到后面是靠调滑块决定色彩选择范围），手动调整通道范围滑条的四个滑块，反转它们，让三角形滑块之间的排斥区域为绿，方形滑块之间的选中区域为剩余颜色。当前的选区选中的是绿色以外的颜色区间，将饱和度参数降低为 -100，将亮度参数降低为 -100，如图 7-31 所示。效果如图 7-32 所示。

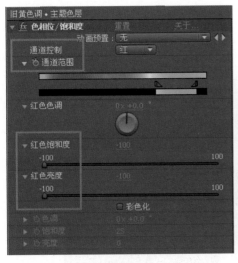

图7-31

图7-32

步骤05 制作基调色层。

在时间线窗口空白处单击取消选择，再重新选中图层"主题色层"，按快捷键 Ctrl+D 复制图层，将复制出来的新层命名为"基调色层"，并放置在"主题色层"下方。这次通过另一种效果来制造发黄泛旧的色调。选中图层"基调色层"，右键添加"效果→颜色校正→三色调"，使用三色调效果的默认参数设置即可，也就是高光为白色，阴影为黑色，中间色为 #7F6446，如图 7-33 所示。

临时关闭图层"主题色层"的显示/隐藏开关 ，单独预览基调色层的色彩效果，如图 7-34 所示。

图7-33   图7-34

步骤06 图层混合，使主题色层与基调色层叠加。

最后，打开"主题色层"的显示/隐藏开关👁，将该层的图层叠加模式设置为"亮色"，完成了主题色与基调色的结合。最终效果如本节开篇的图 7-24 所示。

AE 第 28 课 天空压暗处理

1. 理论知识：思路与技术分析

影视作品或摄影作品中，天空滤镜效果十分常见，因为户外光线强，拍摄到的户外天空亮度非常高，这样不利于观众将注意力集中于下方景物（人的视线会被光比最强或亮度最高的画面部分所吸引而看向天空，这与突出主体的叙事要求相违背）。加了天空滤镜，即用了天空压暗技巧的影视画面如图 7-35 所示。

图7-35

只要熟悉后期软件，实现天空压暗并不难，手法有很多，比如固态层叠加、加渐变特效等。

2. 范例：天空压暗处理

（1）范例内容简介：以对一幅图片的处理，演示一种天空压暗技巧，同样也适用于视频处理。这幅图片是笔者 2016 年在意大利威尼斯的圣马可广场拍摄的。

（2）影片预览：做了天空压暗处理的最终效果如图 7-36 所示。

图7-36

（3）具体操作步骤：

新建项目，然后在项目窗口中右键"新建合成"，设置合成名称为"天空压暗处理"，项目规格预置选择 HDTV 1080 25（全高清），时间长度为 5 秒。

在项目窗口中右键选择"导入→文件"，导入素材"常见天空处理 before.jpg"。将这幅图片从项目窗口中拖入时间线窗口，成为一个图层。按快捷键 S 展开缩放，适当缩放其尺寸，参考值 205%，合成预览效果如图 7-37 所示。

图7-37

要压暗天空，笔者并不选择在原始图像（图层）上添加任何效果。因为调色中始终要把握一点原则：尽量保持原层完整性，不要破坏原始素材的画质，将画质损失降到最低。在原层上做一些处理很容易破坏细节，如果是在原层之外处理（比如复制的图层，或者固态层叠加）再与原层相互叠合，就可以避免一定的原层画质损失，原层上的细节被保留，并且，新建的层还可以调整透明度、调节作用程度，删除、替换也比较灵活。

在时间线窗口中右击，弹出新建图层菜单，选择"新建→纯色"，新建一个黑色固态层（纯色层，也叫固态层），如图 7-38 所示。

固态层放在原层之上。选中黑色固态层，添加"效果→生成→梯度渐变"。这样就相当于在固态层上做天空压暗效果。设置梯度渐变的参数，如果想要天空更黑一点，可以设置黑色到灰色的过渡，也可以让天空蓝一点、柔和一点，那么可以采用如图 7-39 所示的参数。

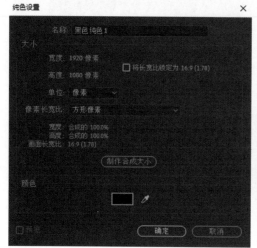

图7-38

图7-39

将黑色固态层的图层叠加模式设置为"相乘"，如图 7-40 所示。这是一种变得更暗，暗上加暗的叠加模式。

图7-40

画面效果如图 7-41 所示。其实天空压暗处理还有很多实现方法，比如在黑色固态层上画一个钢笔遮罩，形状可以是一个中空的洞、羽化边缘之类的，就可以自定义天空压暗形状。

图7-41

第 8 章 跟 踪

□ **学习目的**

跟踪（Tracking）是影视后期合成中的一项高级技术，打开 After Effects 菜单中的"窗口→跟踪器"面板，即可进行跟踪操作。本章仅介绍单点跟踪和多点跟踪两种跟踪操作，更多的跟踪类型和操作手法，读者可自行深入研究。

□ **本章导读**

AE 第 29 课 单点跟踪

1. 理论知识：思路与技术分析

单点跟踪并非一个严谨词汇，只是笔者对跟踪面板中的"变换"跟踪类型的一种简化说法。选择跟踪类型"变换"后，可在画面中生成一个单一跟踪框，跟踪某一图层上的某个物体。跟踪的具体含义是：捕捉和追踪画面中的某一移动物体，将其运动轨迹记录为关键帧数据，并将这些关键帧数据应用于另一素材，达到另一素材与原物体同步运动或遮挡原物体的效果。如让火焰跟随在赛车后面，让魔法跟着人物的手一起运动，或在一面墙上"贴上"海报等。再拆分细一点来看，画面中的物体移动有两种方式，一是镜头不动，物体本身活动；二是镜头在动，导致画面中某一物体移位，以上这两种情况都可适用于跟踪。

2. 范例：吹球

（1）范例内容简介：本例使用的素材来自于我的大学同学李博（著名动漫创作人，笔名 ZEKKO）为北京电视台 10 频道制作的"频道 ID"。本例要跟踪原始视频中的绿色网球，并制作一个新图层"足球"，通过跟踪技术赋予足球同样的运动轨迹，并遮挡网球。另外，运动跟踪要求被跟踪物体与周围区域有较强的色彩或明度差异，才能被准确跟踪。本例中的网球与红墙的对比满足这个条件，而"在黑夜中找乌鸦"是不行的。

（2）影片预览：吹球完成 .wmv。

（3）制作流程和技巧分析：导入两段素材，按照"足球"在上、"网球"在下的顺序，将它们放入时间线→打开跟踪面板，用跟踪点捕捉框捕捉绿色网球→单击跟踪面板中的"向前分析"和"应用"按钮，将跟踪轨迹应用到足球层。

（4）具体操作步骤：

新建合成"吹球"，选择制式为 D1/DV PAL，然后改画幅为宽 400 像素、高 320 像素，长度为 5 秒，如图 8-1 所示。

图8-1

在项目窗口空白处双击，导入本节提供的素材文件"网球 .WMV"，然后将其拖入时间线窗口，成为一个图层。按空格键播放时间线节目内容可以看到，画面中有个浮动的网球，这就是我们将要跟踪的对象。

在项目窗口中双击导入素材"足球 .psd"。从项目窗口中将合成"足球"拖入时间线窗口，放在图层"网球"上方，如图 8-2 所示。这个顺序排列很重要，必须是跟踪层在下，替换的素材层在上。

图8-2

确认时间线指针放在第 0 秒 0 帧，选中图层"足球"，在合成预览窗口中将足球拖曳到人物头顶原网球的位置，盖住网球，如图 8-3 所示。

下面进行跟踪。选中图层"网球.WMV"，单击菜单中的"窗口→跟踪器"，打开跟踪面板。单击"跟踪运动"按钮创建出一个当前跟踪"跟踪 1"（也叫 Tracker1），这个只是表示接下来的跟踪操作算到这个跟踪器里面进行记录，也可以有更多的跟踪器，保存更多的操作。跟踪类型选择"变换"，如图 8-4 所示。

图8-3

图8-4

创建跟踪的时候，已经默认打开了一个图层预览窗口，因为跟踪是针对图层的，所以目前预览的也是网球所在的这个图层（图层预览窗口一般没什么用，只有在做跟踪时，才需要用到图层预览窗口）。

图层预览窗口中出现了跟踪点捕捉框。跟踪点捕捉框分内外两层，内层是目标选择区，用于框选目标物体（目标物体一定要是与周围像素颜色、明度反差较大的区域）；外层是搜索区，用于指定敏感范围。当遇到目标物体运动过快、跳跃过大，可能被内层框"跟丢"时，就要适当扩大外层框以备搜索，如果目标物体运动缓慢，外层框就没有必要太大。

将跟踪点捕捉框拖曳到与网球重合的位置。内层框大小恰好与网球相等，无须过多调节，如图 8-5 所示。

图8-5

单击跟踪面板中的"向前分析"按钮，经过一段时间的捕捉分析，画面中出现了无数的关键帧，如图 8-6 所示。

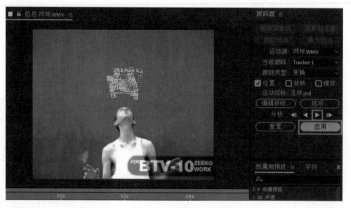

图8-6

默认这些代表网球运动的关键帧，将会被施加到足球上。因为一般默认当前层跟踪得到的关键帧，会应用到其上方的一个图层上。为了保险起见，大家可以单击"编辑目标"按钮，看目标是不是"足球"，如果不是，就需要选择足球层。

然后单击"应用"按钮，在弹出的对话框中，选择"X 和 Y 轴"，如图 8-7 所示。应用完成。

单击菜单中的"合成→添加到渲染队列"，将本例输出为"吹球.avi"，效果如图 8-8 所示。

图8-7

图8-8

AE 第 30 课
多点跟踪

1. 理论知识：思路与技术分析

多点跟踪，是一种并不严谨的概称，指的是跟踪面板中的"平行边角定位"与"透视边角定位"。在很多的视频素材中，复杂物体的运动不能单纯地看作一个点的运动，而要看作面的运动和位移，这时"多点跟踪"就可以派上用场了。多点跟踪主要适用于较为方正的素材，如一幅画、各种电子屏幕、一面墙等。通过追踪面的四个顶点，得到面的整体运动轨迹与透视变化，再将这种运动轨迹与透视变化应用到其他素材上，一般用于覆盖和替换原来的面的内容。

2. 范例：手中的画

（1）范例内容简介：本例跟踪女生手中的矩形纸张，在通过"多点跟踪"获得其运动轨迹的关键帧后，将同样的运动轨迹赋予到一幅画上遮挡原来的矩形，使其像是被女生拿在手中一般。

（2）影片预览：手中的画 .wmv。

（3）制作流程和技巧分析：导入两段素材，按照"画"在上、"女孩和矩形"在下的顺序，将它们放入时间线→打开跟踪面板，用跟踪点捕捉框捕捉绿色网球→单击跟踪面板中的"向前分析"和"应用"按钮，将跟踪轨迹应用到"画"图层。

（4）具体操作步骤：

新建合成"手中的画"，选择制式为 HDTV 1080 25，然后改画幅为宽 1920 像素、高 1080 像素，长度为 9 秒，如图 8-9 所示。

图8-9

在项目窗口空白处双击，导入本节提供的素材文件"女孩和矩形 .mp4"，然后将其拖入时间线窗口，成为一个图层。按空格键播放时间线可以看到，画面中女孩拿着白色的矩形纸张，这个白色的矩形纸张就是我们将要跟踪的对象。

在项目窗口中双击导入素材"画 .jpg"。从项目窗口中将合成"画"拖入时间线窗口，放在图层"女孩和矩形"上方，如图 8-10 所示。与"单点跟踪"一样，一般是跟踪层在下，替换的素材层在上。

图8-10

进行跟踪时，与"单点跟踪"操作几乎相同。选中图层"女孩和矩形.mp4"，单击菜单中的"窗口"→"跟踪器"，打开跟踪面板。单击"跟踪运动"按钮创建一个当前跟踪"跟踪1"（也叫Tracker1），这个只是表示接下来的跟踪操作算到这个跟踪器里面，进行记录，也可以有更多的跟踪器，保存更多的操作。这时，跟踪的轨迹不再是一个单纯的点的轨迹，而是带有透视的矩形，所以跟踪类型选择"透视边角定位"，如图8-11所示。

创建跟踪的时候，已经默认打开了一个图层预览窗口，因为跟踪是针对图层的，所以目前预览的也是书本所在的这个图层。在这个窗口中，内框与外框的作用与"单点跟踪"的作用相同，我们先设置内框与外框的大小，使跟踪点位于蓝白交界处，如图8-12所示。

图8-11

图8-12

单击跟踪面板中的"向前分析"按钮，如图8-13所示。经过一段时间的捕捉分析，画面中出现了无数的关键帧，如果素材合适，大部分情况下获得的关键帧都是可以使用的，如图8-14所示。

图8-13

图8-14

在继续向前分析的过程中，我们发现跟踪的关键帧不够完美，跟踪器甚至发生了偏移，如图 8-15 所示。

图8-15

这时可以撤回上一步操作，适当增大外框的大小，或者在跟踪器偏移前调整跟踪点以及内外框，再继续向前分析。如果还是不行，这时再单击"向前分析"按钮，可以暂停分析，选用向前分析一个帧，如图 8-16 所示，一个个帧，一个个画面地逐个分析，逐个调整修改内外框。

图8-16

这时就方便我们用鼠标一帧一帧地在画面中调整搜索框至合适的位置，不过这个方法相当麻烦，一般不会使用，如图 8-17 所示。

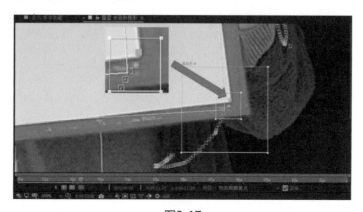

图8-17

在获得了合格的关键帧后，单击跟踪面板底部的"应用"按钮，将跟踪的结果应用于"画"图层，如图 8-18 所示。可以看到女孩手中白色的矩形被替换为一幅画，如图 8-19 所示。

图8-18

图8-19

单击菜单中的"合成→添加到渲染队列"，输出为"手中的画 .avi"，效果如图 8-20 所示。

图8-20

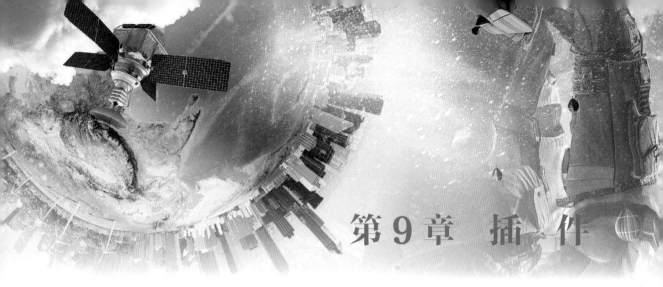

第 9 章　插　件

□ 学习目的

　　插件是一类外挂程序，用于增强和扩展视频处理功能，是由非 Adobe 的第三方软件公司或个人开发的，这些插件可以随时安装和删除，在 After Effects 的安装目录下有一个叫作"Plug-ins（插件）"的文件夹，专门用来存放各类插件。本章将带读者掌握插件的安装方法，并介绍几款有特色的主流插件。

□ 本章导读

　　第 31 课　Boris 插件套装中的 Cube 特效
　　第 32 课　Sapphire 插件套装中的水墨特效
　　第 33 课　Trapcode 插件套装中的 Sound Keys 特效
　　第 34 课　万花筒特效
　　第 35 课　脚本插件 Duik 的安装

AE　第 31 课
Boris 插件套装中的 Cube 特效

1. 理论知识：插件的安装方法以及 Boris 插件套装介绍

　　外挂插件种类繁多，可以根据需要购买或搜索下载，当我们得到这些想用的插件后，第一步就是要正确地安装在计算机系统里。插件大致分为三类：第一类是完全独立的一个软件，独立安装，独立使用，只是在视频制作工作流程上与 After Effects 紧密配合，比如在 2007 年流行的一款格式转换软件——TMPGEnc，用来把 After Effects 输出的 AVI 视频转换为 MPEG-1、MPEG-2 系列格式，得到的画质非常好，业界都把它算成是 After Effects 插件的一种（现在由于新的 MP4 视频格式的流行，所以这款软件很少用了）；第二类是半独立式，这种插件功能强大，有自己的一套完整操作界面，如调色插件 Color Finesse、光效生成插件 Knoll Light Factory（笔者暂时没找到与 After Effects 2020 相匹配的版本），这一类插件安装时要注意根据提示，找到并选择 After Effects 的 Plug-ins 路径，安装好后，插件一般会在 After Effects 特效菜单中加入一个自己名称的"入口"，单击后可进入插件专门的操作界面，这类插件也要当作一门新的软件来学习；第三类插件独立性就没那么强了，这类插件的文件格式，等同于 After Effects 默认的特效文件格式 .aex，安装时直接复制到 After Effects 的 Plug-ins 文件夹中就行了，也有插件是运行安装程序批量安装，自动拷贝 .aex，使用时相当于增加了一些 After Effects 默认没有的特效。

上述的第三类插件和部分第二类插件，在安装时都要准确找到 After Effects 的插件目录，才能正确安装。以 Windows 10 系统上的 After Effects 2020 为例，After Effects 的插件文件夹位于：D:\Program Files\Adobe After Effects 2020\Support Files\Plug-ins\Effects，如图 9-1 所示。

脑 › 工具 (D:) › Program Files › Adobe After Effects 2020 › Support Files › Plug-ins › Effects			
名称	修改日期	类型	大小
CycoreFXHD	2020/7/22 22:53	文件夹	
Film Stocks	2020/7/22 22:53	文件夹	
Keylight	2020/7/22 22:53	文件夹	
Mettle	2021/5/19 4:56	文件夹	
mochaAE	2020/7/22 22:53	文件夹	
StarPro	2020/7/23 20:16	文件夹	
3D Camera Tracker	2019/10/23 19:21	Adobe After Effe...	2,480 KB
3DGlasses	2019/10/23 19:21	Adobe After Effe...	65 KB
3DStroke	2014/2/28 23:31	Adobe After Effe...	1,723 KB
AddGrain	2019/10/23 19:21	Adobe After Effe...	166 KB
Alpha_Levels	2019/10/23 19:21	Adobe After Effe...	38 KB
ApplyColorLUT	2019/10/23 19:21	Adobe After Effe...	113 KB

图9-1

插件文件夹的最后一级叫作 Professional Effects，读者可以灵活使用，如图 9-1 所示，该文件夹内存放的全是插件与内置特效。

本节我们将安装 Boris 插件套装，简称 BCC 套装。一般插件的名字都会以公司开头（Boris 公司开发），这款插件有着悠久的历史，笔者在 2010 年做研究生毕业设计时，就用到了 Boris After Effects 2.0 套装，当时它里边是一个个独立的小插件文件，可以选择性地复制 After Effects 插件目录安装，是典型的第三类插件。现在的 BCC10 升级套装，也是第三类插件，安装相当于是解压了一个个小插件特效到 After Effects 插件目录中。BCC10 套装名字中的一个 C 代表 Continuum 连续版，也就是包含以前历史版本中的所有特效。其中，Boris Cube（以下简称 Cube）这个特效可以让视频、图片快速包裹为一个立方体盒子，相对本书第 4 章的《立体盒子》来说，制作上就简单多了。笔者在毕业设计作品《四川大学艺术学院 VI 片头系列》中用这个插件制作了很多立体画框，如图 9-2 所示。除了可以制作任意大小的立体盒子，如果盒子放得足够大，观众视角站在盒子内部，那就是"空间长廊""视频墙"手法了（里外皆可观看）。

图9-2

2. 范例：旋转的视频盒子

（1）范例内容简介：Sleep.ab 是笔者喜欢的日本乐队之一，在他们的一个特效 MV 中，有这样一个效果，我们完全可以用 Cube 来仿制，如图 9-3 所示。

图9-3

（2）影片预览：PV2.mpg 第 4 分 20 秒开始。

（3）制作流程和技巧分析，如图 9-4 所示。

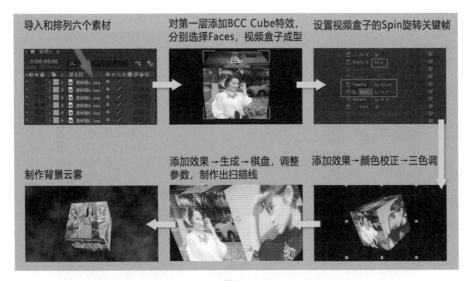

图9-4

（4）具体操作步骤：

在启动 After Effects 之前，先双击 BCCAfter Effects10 插件进行安装。注意在安装过程中，可选择 Custom 自定义安装，然后选择选项中提供的针对最高 After Effects 版本的一项，如图 9-5 所示。随后的插件安装目录选择，一定要选择在 After Effects 的插件文件夹下（D:\Program Files\Adobe After Effects 2020\Support Files\Plug-ins\Effects）。

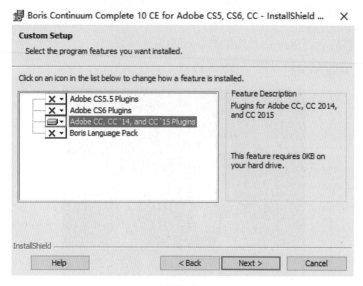

图9-5

启动 After Effects，在项目窗口中右击，选择新建合成，设置大小为 1920×1080 像素，时间为 10 秒，如图 9-6 所示。

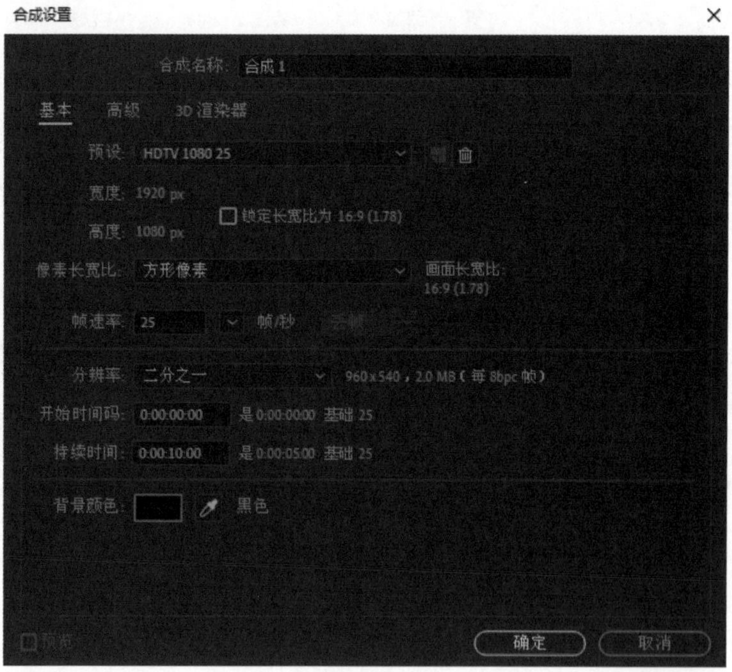

图9-6

在项目窗口空白处双击，导入本节提供的素材"素材图 1"至"素材图 6"共六幅图像。将它们一起拖入时间线，成为六个图层，如图 9-7 所示。笔者刻意将图片都裁剪为正方形，以便组成标准的立方体盒子。

图9-7

本节的重点知识来了。Cube 只需要添加在其中一个图层上就行了，那么剩余还有 5 个图层有什么用呢？它们应该隐藏，但是仍然摆在时间轴里，起到类似"参考层"的作用，即为特效提供素材来源，但自身不显示。具体做法如下。

选中第一个图层"素材图 1"，右键添加"效果→ BCC10 Perspective → BCC Cube"，如图 9-8 所示。

图9-8

在时间线窗口中，保持"素材图 1"层为选中状态，按快捷键 E 快速找到特效 BCC Cube，展开其参数，如图 9-9 所示。

展开 Faces 参数组，选择 Faces 为 Independent（独立面），这样就可以单独为六个面指定素材。将 Front、Back 等六个面，各自指定一个图层，如图 9-10 所示。

图9-9　　　　　　　　　　　　　　　　　图9-10

关掉除了"素材图 1"以外的剩余 5 个图层的显示开关 ，如图 9-11 所示。

现在画面中的立方体已经成型，六个面分别覆盖上了六幅素材图片，如图 9-12 所示。同样的操作也适用于视频。

图9-11　　　　　　　　　　　图9-12

下面来设置视频盒子的转动。继续在图层"素材图 1"的 BCC Cube 特效参数下设置，将 ScaleX（尺寸）减小为 60。下方有三个参数：Tumble、Spin、Rotate，分别对应三个轴向的旋转，读者可以按照自己的喜好调整视频盒子的角度，此处笔者将 Tumble 设置为 26°。

之后，我们来打横向转动的关键帧。将时间指针拉到 0 秒 0 帧，将 Spin 参数前方的关键帧开关 打开，如图 9-13 所示。

将时间指针拉到最后一帧，即 9 秒 24 帧。修改 Spin 的参数为 4x（也就是旋转完整的 4 圈），如图 9-14 所示。

图9-13

图9-14

视频盒子的旋转动画就做完了。可以随意拉动时间指针查看变化。下面，我们来做一些更精细的处理。在 PV2 原视频中，这一段的视频盒子上颜色发绿，并且呈现出了老电视机的视频扫描线（场），这是一种做旧的艺术处理，我们来适当模仿一下。

保持图层"素材图 1"为选中状态，右键添加"效果→颜色校正→三色调"。将三色调的"中间调"颜色，设置为 #31B19D，或者任选一种颜色，如图 9-15 所示。

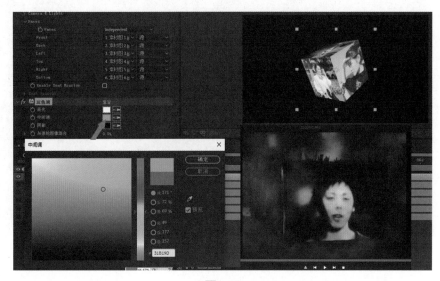

图9-15

继续右键添加"效果→生成→棋盘"。这个特效能够抹去原层内容，在原层范围内生成一个棋盘图案，如图 9-16 所示。

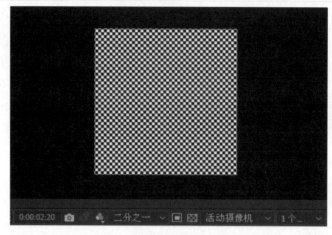

图9-16

在左上角的效果控件窗口中，进一步修改棋盘格特效的参数，就能做出视频扫描线。如图 9-17 所示。

A. 修改锚点位置，比如 X 轴位置为 844，或者先单击锚点参数右边的"定位"按钮，再在合成预览窗口中直接单击某一位置放置锚点。锚点位置错开视频盒子，以避开棋盘格扫描线中间的一道竖直的交界线，使线条更整洁。

B. 大小依据选择"宽度和高度滑块"，这样做可以对棋盘格的宽度、高度进行分别调整，然后修改下方的宽度参数为一个较大值，比如 1132，修改高度为 4。

C. 修改棋盘格不透明度为 80%，选择混合模式为"叠加"。

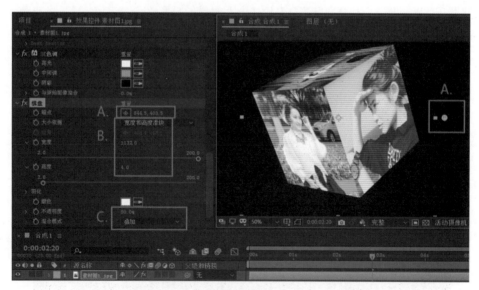

图9-17

棋盘格小结：棋盘格特效通过修改参数后，不再是黑白图案，而是成为拉长的扫描线，叠加在图层原内容上。

现在我们的画面内容和那个日本乐队（Sleep.ab）的 MV 比较接近了。最后一个可选步骤，是模仿它制作一个背景效果。在时间线窗口空白处右击，选择"新建→纯色（固态层）"。将新建出来的纯色 1 图层，拉到所有图层下方垫底。对该层添加"效果→杂色和颗粒（Noise and Grain）→湍流杂色"。

将分形噪波特效中的"亮度"参数修改为 -37，"缩放"修改为 500，使背景云形态更简单、暗沉，如图 9-18 所示。

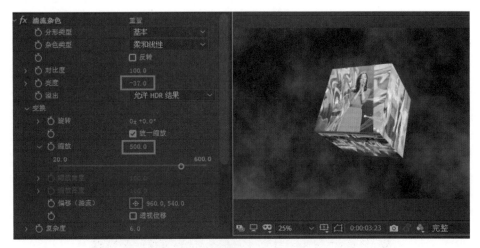

图9-18

至此，我们完成了一个仿制，将原视频中的各种效果都还原了一遍。分析模仿是一种学习方式，就像学音乐的人喜欢"扒歌"一样。我们今后也可以在熟悉 After Effects 特效的基础上，分析仿制各种精彩视频作品中的特效与手法。最后，可以对图层"素材图 1"按快捷键 S，略微放大尺寸，最终效果如图 9-19 所示。

图9-19

第 32 课
Sapphire 插件套装中的水墨特效

1. 理论知识：技术与思路分析

GenArts 公司的 Sapphire（蓝宝石）插件，是一套历史悠久、功能全面的插件套装。它在安装使用上，属于前面讲到的第三类插件，即并非半独立、有自己界面的那种插件，而是补充性的特效包。这个蓝宝石特效包中，特效分组都和 After Effects 原有的特效类似，比如都有扭曲变形组、模糊组等，但是 GenArts Sapphire 里的特效另有特色，功能更强，相当于增加了一大批加强版的特效。Trapcode 公司的 3D Stroke 描边插件能够沿着图层 Mask 路径产生描边、生长线的动画。

蓝宝石插件中，有三个算法近似的特效 S_WarpBubble（泡泡扭曲）、S_WarpBubble2、S_WipeBubble（泡泡擦除）都可以做出类似液体随机散逸的效果，在各种教程中，被当作是"水墨"特效来介绍，被业界广泛应用。欧洲电子音乐节 Qlimax 2010 的视频整体包装中，用这种特效做了大量的文字转场，如图 9-20 所示。

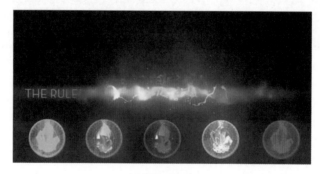

图9-20

2. 范例：水墨出场

（1）范例内容简介：笔者在 2012 年为北京女子水晶乐坊打造的 VI 片头中，使用了同类的水墨特效，在人物出现时，制作了一种"水墨出场"的效果，如图 9-21、图 9-22 所示。本节就来讲解这种水墨出场效果，其中涉及了两种插件、两个构成部分。

图9-21

图9-22

（2）影片预览：Qlimax 2010 Alternate Reality.mp4，女子水晶乐坊 VI 片头 .wmv。

（3）制作流程和技巧分析，如图 9-23 所示。

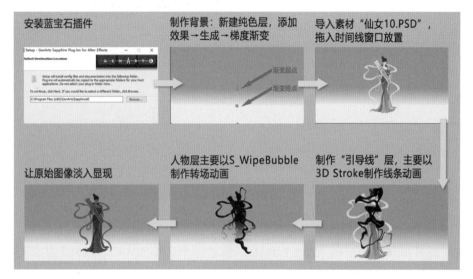

图9-23

（4）具体操作步骤：

在启动 After Effects 之前，先安装蓝宝石插件（Trapcode 3Dstroke 插件在本书第 3 章第 14 课中已经安装使用过了）。双击蓝宝石安装程序 sapphire-ae-install-7.0，安装时建议取消勾选 32 位路径，只保留 64 位路径，如图 9-24 所示。

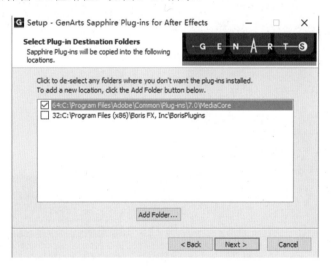

图9-24

在接下来的第二个选择步骤中，建议保持插件提供的默认安装路径，如 C：\Program Files(x86)\GenArts\SapphireAfter Effects，如图 9-25 所示。

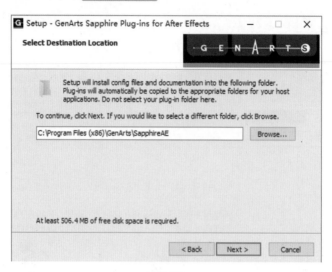

图9-25

安装完插件后，重新启动 After Effects。新建一个大小为 1920×1080 像素的合成，长度 10 秒。

首先给画面一个背景。在时间线窗口空白处右击，选择"新建→纯色"，建立一个固态层（也就是纯色层）。在此层上右击，添加"效果→生成→梯度渐变"。

设置梯度渐变的开始色为一种中灰色，结束色为浅灰色，将渐变起点下移，渐变终点上移，这样就让画面背景有了一点的空间纵深感，如图 9-26 所示。

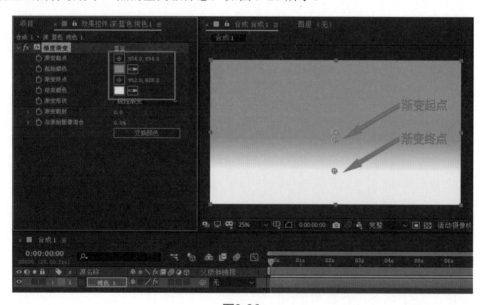

图9-26

在项目窗口空白处双击，导入素材"仙女 10.psd"。因为我们只需要插画中的人物图层，而不需要插画中的背景，所以在导入对话框中的选择图层后，选中单独的图层"仙女 10"，如图 9-27 所示。

将新导入的"仙女 10"拖入时间线窗口，成为一个图层。按快捷键 S，设置缩放为

24%，得到的画面效果如图 9-28 所示。

图9-27　　　　　　　　　　　　　图9-28

笔者设计的这种"水墨出场"效果有以下两个构成部分。

① 做一个固态层，用钢笔画一个曲折路径，添加 Trapcode 3D Stroke 特效，做一个描边动画。这个描边动画其实就是一条线，然后在上面添加 S_WarpBubble 形成水墨涟漪。这部分的作用，类似于一个引子，像毛笔一样大笔一挥，凭空产生出一个动势，从而引出接下来的人物，在视觉上领先引导。

② 人物第一层，添加 S_WipeBubble，这是一种水墨化的转场效果，有抹入、抹去的功能。人物设置一个 2 秒左右的渐入动画，色彩上可以是黑色或者四色渐变。人物第二层，叠加在人物第一层之上，最后出现，呈现出原始图像。

下面先来实现第一部分。首先从项目窗口中将刚才新建出来的一个固态层素材，拖入时间线窗口，放在顶部，成为一个图层，然后按 Enter 键，将这个层命名为"引导线"，如图 9-29 所示。

对"引导线"层添加"效果→ Trapcode → 3D Stroke"，然后用钢笔工具绘制一条遮罩路径，曲折延伸到人物头顶，再折回脚下。这条线是用作路径描边的，因此不能封闭，即最后一个点不能与第一个点重合，保持开放状态，如图 9-30 所示。

图9-29　　　　　　　　　　　　　图9-30

按快捷键 E，在时间线窗口中"引导线"层下方展开特效 3D Stroke 的参数。将 3D Stroke 参数中的"颜色"改为黑色；"厚度"改为 26；在时间指针 1 秒处，打开"偏移"的关键帧开关<img>，修改偏移值为 -100；在时间指针 3 秒处，修改偏移值为 100；展开"锥度

（Tapper）"参数组，设置"启用"为开，如图9-31所示。

要做描边动画，必须设置偏移的关键帧。锥度的开启，使线条有一个尖端变窄效果，更为优美。

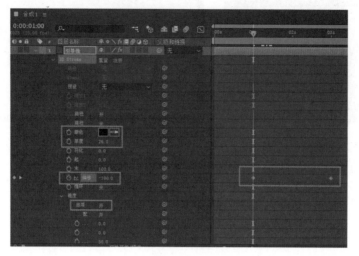

图9-31

拖动时间轴指针，或者单击右侧的"播放"按钮▶，预览制作好的线条生长动画。为了更加接近水墨效果，继续为"引导线"层添加"效果→Sapphire Distort→S_WarpBubble（泡泡扭曲）"。

稍微修改一下S_WarpBubble的各项参数，如Amplitude（扭曲度）、Frequency（抖动频率）、Seed（复杂度）等，这些参数无非也就是决定泡泡形态的一些因子，对水墨形态有塑造作用，大家根据自己的艺术感觉随意调整，使水墨引导线更好看即可，如图9-32所示。

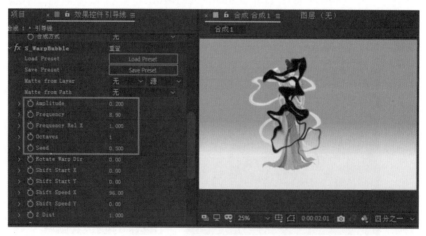

图9-32

下面来实现第二部分。首先梳理一下当前动画的时间顺序，刚才的引导线在1-3秒之间生长到顶，并且向下消失（描边结束），那么在第2秒，引导线刚好到达最高点，这个时间附近（可略早于第2秒）就适合人物出现了（好像是被墨汁带出来一样）。

将时间线指针拉到第1秒20帧位置，选中图层"仙女10"，添加"效果→Sapphire

Transitions → S_WipeBubble（泡泡擦除）"。这是一种算法、效果跟刚才泡泡扭曲近似的特效，不过还具有转场功能，能在水墨化变形的同时抹入、抹出图层内容，在国内、国际行业中都用得很多。

在时间线窗口中，图层"仙女 10"下方，展开 S_WipeBubble 的参数。将 Angle 修改为 90，这样擦除方向就从水平变为了垂直；打开 Wipe Percent 前方的关键帧开关 🕐，记录下当前第 1 秒 20 帧的转场完成度为 0，然后将时间指针拉到第 3 秒 06 帧，将 Wipe Percent（转场完成度）修改为 100；做了以上步骤后，大家可以看到，当前人物是从有到无，而我们要的是从无到有，因此最后在 Transition Dir（转场方向）后选择 Wipe On from Bg，如图 9-33 所示。

图9-33

继续对这个层添加"效果→生成→填充"，将填充色改为黑色。现在可以拖动时间轴指针，查看细节，如图 9-34 所示。两个层的参数都还可以再次调整，塑造出想要的形态。

最后的一个步骤，是让原始图像显现出来。在时间线空白处单击，取消一切选择（避免选到单独的特效）。然后单击选中"仙女 10"图层，按快捷键 Ctrl+D 复制一层。将复制出来的上方层，重命名为"原始图像"。选中原始图像层，在效果控件窗口中，删除其带有的两个特效 S_WipeBubble，填充（Fill）。使其恢复到原始的、带有色彩的状态。

对这个最终图像的出场方式采用最简单的透明度变化处理——淡入，读者也可以自己设计更复杂的出场方式。将时间指针移动到第 3 秒，按快捷键 T，打开不透明度前方的关键帧开关 🕐，将透明度改为 0；将时间指针移动到第 3 秒 17 帧，将透明度改为 100%。本例全部完成。最终图像从黑色中渐显，如图 9-35 所示。

图9-34

图9-35

AE 第 33 课
Trapcode 插件套装中的 Sound Keys 特效

1. 理论知识：技术与思路分析

与 3D Stroke、Shine 一样，Sound Keys 也是属于最经典的 Trapcode 插件套装中的特效。它可以依据一个音频参考层的音频震动，生成涵盖高、中、低频段的一个声波可视化频谱（Spectrum），也就是把声音转换为视觉频谱显示出来，实现视频中声音大小与频谱跳动相对应，体现声画一体的关联性。这种技术在做一些音乐类的视频中有一定作用，也可以起到一定的装饰作用。

2. 范例：声音频谱

（1）范例内容简介：本节将制作一个装饰性的频谱，放在画面右下方，笔者上课时通常给学生布置的作业是剪辑一个包含所有 After Effects 实例的串联视频，而这个频谱就很适合结合学生名字放在作业中，充当角标。

（2）影片预览：声音频谱 .wmv。

（3）制作流程和技巧分析，如图 9-36 所示。

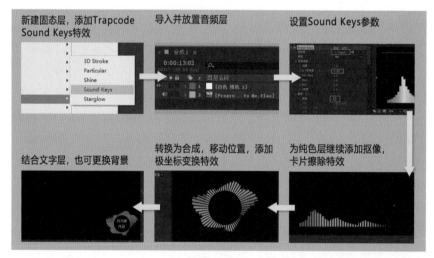

图9-36

（4）具体操作步骤：

在启动 After Effects 之前，先安装 Trapcode Sound Keys 插件。Trapcode 插件套装允许选择安装其中的一个或几个插件，在本书第 14 课中，我们已经安装过了 Trapcode 3D Stroke，当前的 Sound Keys 插件可参照同样方法进行安装。

启动 After Effects，新建项目，新建合成，合成大小仍然采用 1920×1080 像素，帧速率为 25 帧每秒。这次由于要测试音乐，所以合成时间可以略长，设置为 30 秒或 1 分钟，如图 9-37 所示。

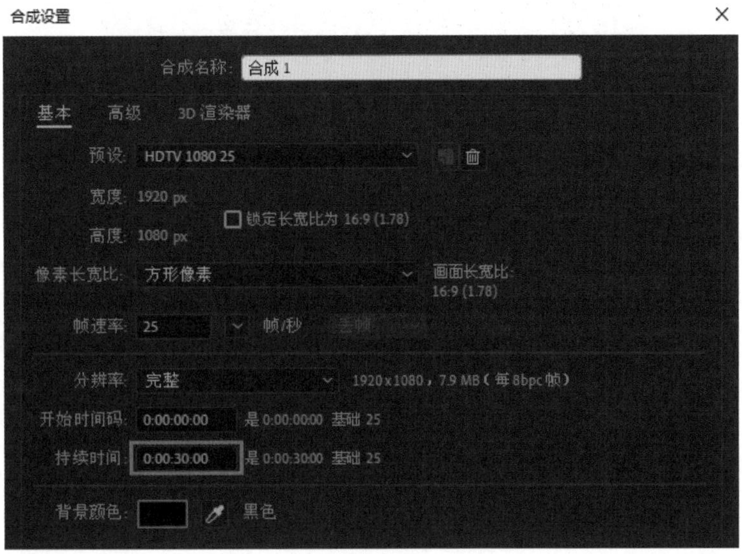

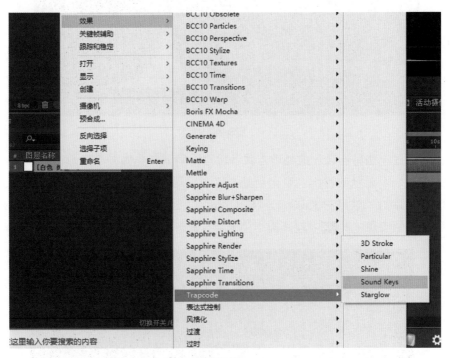

图9-37

　　在时间线窗口空白处右击，选择"新建→纯色层（固态层）"。对这个纯色层添加"效果→ Trapcode → Sound Keys"，如图 9-38 所示。

图9-38

　　添加了 Sound Keys 的纯色层，必须有一个音频来源层。因此，下一步就是在项目窗口中空白处双击，选择"导入→文件"，导入本节提供的一个音频文件"Progressive House - Lie to Me.Flac"。将此音频文件拖入时间线，放在纯色层下方，如图 9-39 所示。

图9-39

选中纯色层，在效果控件窗口里，简单设置一下参数即可：将"音频层"选择为 Progressive House - Lie to Me.Flac，本步骤最为重要，即选定了所谓音频参考层或者音频来源层，画面中立刻出现了和该声音对应的频谱动画；取消勾选"幅度1"下的"激活"复选框，这个参数会产生一个用处不大的绿条，我们不用；把 Q（平滑度）改为 0.4，这样可以让部分频段的柱子高度与别的频段柱子平衡一些，不会太突出；其他参数自由调整，没有严格要求，如图 9-40 所示。

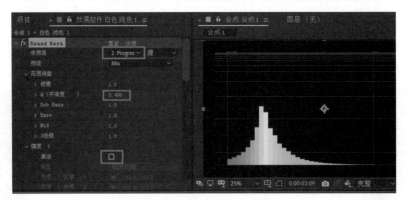

图9-40

接下来要通过一些精心设计的处理方式，将这个频谱转化为一个圆形的角标。

频谱中带有一个蓝色的线框，毫无用处。笔者采用抠像的方法去掉它。保持当前固态层为选中的状态，添加"效果→ Keying → Keylight（1.2）"。在效果控件窗口中，用 Screen Colour 参数后面的吸管工具🔽吸取画面中的蓝色，即可完成去掉蓝色操作，如图 9-41 所示。

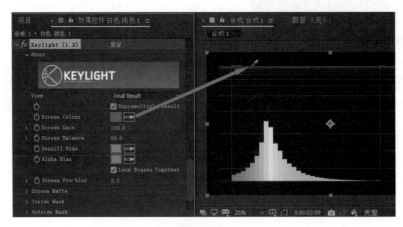

图9-41

频谱中代表不同频率音量的柱形，全部粘连在一起了，要想间隔它们，可以对该层添加"效果→过渡（Transition）→卡片擦除（Card Wipe）特效"。

这个卡片擦除特效原本是给图层做转场的（进入或者退出），但我们也可以借助这个特效在图层上做出像栅栏一样的间隔。在效果控件窗口中，设置卡片擦除特效的参数如下。

- 过渡完成为30%。
- 行数1，列数60。
- 翻转轴为Y轴。
- 翻转顺序为自上而下。

我们不需要该图层去转场过渡，只是要这种栅栏效果，如图 9-42 所示。

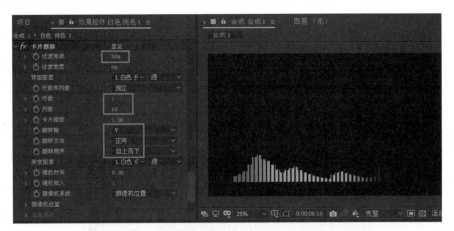

图9-42

下面继续变为角标的一系列处理。频谱目前是向上弹跳的，这在最后转换为圆形角标时，会有内外方向问题，需要预先上下翻转。保持该层为选中状态，选择菜单中的"图层→变换→垂直翻转"，然后按快捷键 Ctrl+Shift+C，将这个图层转换为合成，如图 9-43 所示。

图9-43

对已经转为合成的纯色固态层，添加"效果→扭曲→极坐标"。设置极坐标插值为100，转换类型为"矩形到极线"。原本是平直的频谱，已经转化为向外的圆形，如图9-44所示。

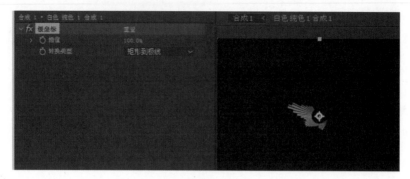

图9-44

可以看到，频谱太小了。在时间线窗口中双击纯色合成，进入其内部进行编辑修正。在纯色合成的内部，将频谱向下拖一点，拖到屏幕中心。然后退回合成1，则可看到频谱的大小正常了。这是因为在内部改变了频谱位置后，对外部的极坐标扭曲结果产生了影响。

目前频谱看上去只有一半，不像个圆形。在合成1中，选中纯色，按快捷键Ctrl+D复制一层，将复制出来的层的旋转值修改为150°，这样就围成了一个圆形，如图9-45所示。

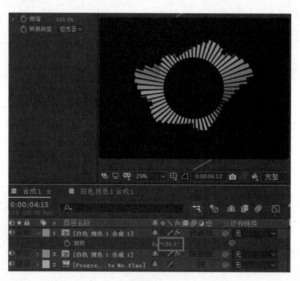

图9-45

如果对圆形不满意，还可以进入纯色合成内部调整频谱的形态，只要耐心处理，可以用各种手法随意修正。这里就不深究了。

在合成1中，一次选中两个纯色层，按快捷键S，适当缩放它们，然后摆放在画面右下角，成为角标。也可以对它们添加效果，在时间线窗口中"新建→文本层"，输入文本内容为作者姓名，将文本层摆在角标正中，如图9-46所示。还可以为文字层添加"效果→透视→投影"，加一些阴影，使文字能够更好地与背景区分。

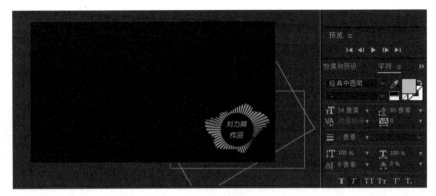

图9-46

这个角标就制作好了，它可以随着音乐在任意的时间长度内跳动。伴随着音乐，其跳动在我们几分钟视频作品的角落，增加了作品的完整性。最后，可以在画面中央放入其他视频内容，然后加以渲染，如图 9-47 所示。

图9-47

AE 第 34 课 万花筒特效

1. 理论知识：图层属性

在一些特效视频作品中，有时会用到一种夸张的艺术手法——万花筒效果，在艺术上也可以称之为重复构成，具体表现为在画面中出现一个图形的多个对称、镜像副本，装饰感极强，如图 9-48、图 9-49 所示。

实现万花筒效果的方法很多，最简单的是用特效 Kaleida。在传统 After Effects 教程中，这都是作为一个插件来介绍的，需要单独安装。但是随着 After Effects 的升级，逐渐将很多优秀的插件的功能加以吸收、模仿，变成为不需要安装就拥有的内置特效了。比如以前做下雨效果需要插件 FE Rain，现在变成了"效果→模拟→ CC Rainfall"。以前的万花筒 Kaleida 插件也变成了现在的"效果→风格化→ CC Kaleida"。很多以 CC 开头的特效，都是从以前的插件"收编"而来的。

图9-48

图9-49

2. 范例：万花筒特效

（1）范例内容简介：素材和方法取自笔者带学生一起创作的获奖作品《星之幻想曲》，这是其中的一个 5 秒的镜头。万花筒效果具有很强的装饰性，很适合用于这类 MV 作品。

（2）影片预览：万花筒镜头 .wmv。

（3）制作流程和技巧分析：如图 9-50 所示。

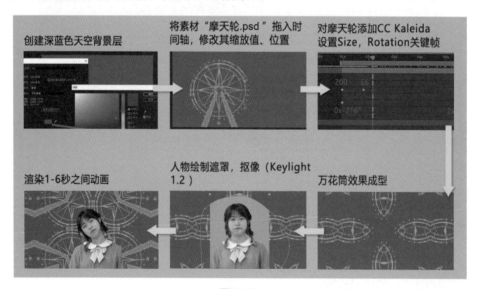

图9-50

（4）具体操作步骤：

新建项目，然后在项目窗口中右键选择"新建合成"，设置画幅大小为 2560×1440 像素，时间长度为 10 秒，如图 9-51 所示。这个设置略大于平时的 1920×1080 像素，因为当时拍摄的素材画幅较大，在素材允许的情况下，作品画幅规格也设置得较大，提供了更高的清晰度。

图9-51

在项目窗口中右键选择"导入→文件",导入素材"DSCF8715.MOV"和"摩天轮.psd",其中后者以合并图层的模式导入。

这个镜头的场景设定在晚上的游乐园,因此先给一个深蓝色天空背景。在时间线窗口中右击,选择"新建→纯色层",图层名称为 sky,颜色为 #072376,如图 9-52 所示。

图9-52

将素材"摩天轮.psd"拖入时间轴,修改其缩放值和位置,如图 9-53 所示(仅供参考,实际可以自由调整)。摆放效果如图 9-54 所示。

图9-53

图9-54

接下来进行本例中最重要的步骤,在这个摩天轮上制作万花筒效果。但在此之前,应该先将它转换为合成，因为如果不转换合成，现在图层的"缩放"或者尺寸与合成 1 不一致，做出来的万花筒尺寸也会不规范，效果可能不满屏。所以应该改将摩天轮转合成，摩天轮当前的尺寸、位置会被打包到新合成内部，而从外部看起来就是一个与合成 1 等大小的图层。这个原理也可以用"合成嵌套"来解释，有一些特效在应用之前，都要先将前面做过的关键帧、蒙版、变换调整等一起打包为一个合成，再添加特效，可以起到调整渲染顺序的步骤清理作用。

具体到操作上，就是选择摩天轮图层，按快捷键 Ctrl+Shift+C。在弹出对话框中，选择第二项，如图 9-55 所示。

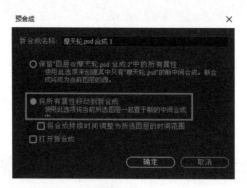

图9-55

在合成 1 中，对已经转换为合成的摩天轮层，添加"效果→风格化→ CC Kaleida"。

添加了万花筒特效之后，在时间线中，按快捷键 E 展开该层特效，再展开 CC Kaleida 的参数，这是一个很生动有趣的特效，它的参数可以影响万花筒形态，比如 Size 对应大小、Mirroring 对应镜像方式等，大家可自由地调整、尝试。

按照笔者在本例创作中的设置，我们设置以下参数的关键帧，使万花筒不仅呈现图案，而且还能动起来（用关键帧让万花筒动）。

在第 1 秒处，打开 Size 前面的关键帧开关 ⏱，修改 Size 为 200；设置 Mirroring 为 Flower 模式；打开 Rotation 的关键帧开关 ⏱，设置 Rotation 为 0x-216°。

在第 1 秒 24 帧处，修改 Size 的值为 66；在第 5 秒 24 帧处，修改 Rotation 的值为 2x320°，如图 9-56 所示。

图9-56

拖动时间轴指针，粗略预览万花筒动画效果，如图 9-57 所示。

图9-57

最后把人物摆放上去。从项目窗口中，将素材"DSCF8715.MOV"拖入时间线，放在最上方。修改这一层的缩放值为49%，位置为（1297，780），使用钢笔工具 在人物周围绘制一个遮罩，尽量排除画面边缘部分（这是抠像前的常规准备），如图 9-58 所示。

保持 DSCF8715.MOV 层为选中状态，添加"效果→ Keying → Keylight（1.2）"。用吸管工具吸取画面中的绿色幕布，一般来说使用这个特效的默认参数就能取得较好的抠像效果，如图 9-59 所示。如果觉得绿色没有完全去除干净，可以再添加"效果→抠像→线性颜色键"，线性颜色键可以用吸管多次取色，不断追加抠像颜色。

图9-58

图9-59

本例基本完成，可以在 1~6 秒渲染一段动画。完成效果如图 9-60 所示。

图9-60

第 35 课
脚本插件 Duik 的安装

1. 理论知识：MG 动画与 Duik 插件介绍

近十年来，MG（Motion Graphic 的缩写，运动图形）动画成为一个新兴的设计领域，也成为不少公司的一项重要业务。其视觉风格接近传统的二维动画，可以通过运用简单抽象的二维图形、较为单纯的色块以及漫画式的人物去进行一些概念讲解和原理演示。MG 动画视觉风格公认的先驱人物是美国艺术家 Saul Bass（索尔巴斯），他在 20 世纪中期设计了 60 多部电影的片头与海报，开拓了抽象二维图形在表现运动和空间上的潜力，如图 9-61、图 9-62 所示。

图9-61　　　　　　　　　　　　　　　　　图9-62

MG 动画区别于传统二维动画的本质特征，在于它的运动形式和制作方法。笔者在讲动画类课程时，会提出这样一些原创概念："影视级动画"指的是逐帧绘制的二维动画，比如人物通过逐帧绘制后，能表现出不断运动中的姿态和角度变化，很细腻，具有柔性运动特点，但是制作成本也很高；"网络级动画"主要借助计算机软件（如 After Effects，Flash 等）中的关键帧功能，通过移动、旋转、缩放、透明度等关键帧的设置，使物体具有机械式的移动变化，缺少角度转换，不够细腻，具有刚性运动特点，但是制作成本低，能够批量快速制作。MG 动画其实就是索尔巴斯式的二维视觉风格，加上计算机时代的"网络级动画"、计算机关键帧动画的产物，其制作相对廉价，对应中低端的商业演示需求。以下是笔者的一部商业MG 动画作品的网址：http://1xianxian.cn/p/54320.html。

MG 动画中的背景、场景、环境、文字的设计，就是各种图形元素的移动旋转缩放、轮番上场，还可以加上一些特效（比如下雪或者风格化类特效、变形类特效等）。而 MG 动画中的人物设计要相对复杂一些，虽然不像"影视级动画"那样要逐帧绘制，但因为涉及表情、嘴型、四肢、头发、服饰，就算只是调关键帧，也需要把身体上所有要动的部分分层，再分别调节移动旋转缩放的关键帧，这样工作量也很大。因此，各种软件开发公司一直在不停地研究更便捷、更模板化的人物制作工具。近年出现了 After Effects 内部的插件 BAO，Duik 等，还有 After Effects 以外的"快速动画软件"Cartoon Animator 4、Toon Boom 等，以上这些可以说都是专为 MG 动画而生的制作利器，是学习 MG 动画的重要工具。

2. 范例制作：脚本插件 Duik 的安装

（1）范例内容简介：Duik 是一款用于二维人物骨骼绑定的 After Effects 插件，便于在 After Effects 内部更便捷地制作人物全身动画，本节并不深究它的使用方法，而是先带大家安装此插件，为大家研究 MG 动画打开一扇窗口。

（2）具体操作步骤：

双击插件安装程序 Duik_15.08_installer.exe，在弹出的窗口中，先选中 After Effects 在计算机上的安装目录，如 D:/Program Files/Adobe After Effects 2020/Support Files，如图 9-63 所示。

在后续步骤中，单击"Install"按钮继续安装。

图9-63

如何检验这个插件是否安装成功呢？读者可以打开本节附赠的一个 After Effects 工程模板文件 Fantastic Characters-Walk Cycles，如果插件没有安装好，这个工程打开后会报错，提示缺失插件；如果正确安装了插件，就可以正常使用这个工程中的内容，自由调节人物的身材、色彩等，如图 9-64、图 9-65 所示。

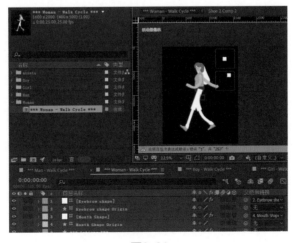

图9-64

图9-65

　　大家可以搜索相关教程，从头学习 Duik 如何给一个全新的角色绑定骨骼并制作动画，也可以利用计算机上装有这个 Duik 插件的优势，下载和打开各种使用这个插件制作的 After Effects 模板，提取其中的现成人物加以修改，并用到自己的项目中。

第 10 章　片头动画

学习目的

　　片头（Title Sequence）设计是影视后期中的一项主要工作。所谓片头，狭义是指影视作品的开场片段，用来呈现片名、制作方名称等重要信息；广义可指众多新媒体平台上以传达少量核心信息（品牌、作品标题、活动主题、人员、事件、预告等）为中心的一类短动画。由于片头篇幅短小，需要凝练和富有冲击力，因此各类高技术含量的特效、动画手法在其中的应用极为丰富，文字也是片头不可或缺的一部分。本章将介绍一些片头动画案例的制作手法。

本章导读

AE　第 36 课　公司标志动画

1. 理论知识：思路与技术分析

　　先在 3ds Max 中制作文字动画，然后渲染出序列图，导入 After Effects 软件后期处理，进一步添加光效、遮罩移动变色、描边等特效。很多片头动画项目，都需要三维动画软件与后期软件的分阶段制作、协同配合，这一流程较为典型，读者应该至少学习一种三维动画软件，如 3ds Max、Maya、C4D 等。

2. 范例：公司标志动画

　　（1）范例内容简介：笔者在一个项目中，为合作方制作的公司标志动画，用于放在正式作品前面。

（2）影片预览：公司标志动画成品 .wmv。

（3）制作流程和技巧分析，如图 10-1 所示。

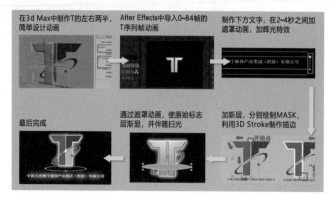

图10-1

（4）具体操作步骤：

首先用 3ds Max 软件制作公司标志中"T"字旋转飞入的动画（T 是天府的首字母）。

启动 3ds Max，单击 Creat（创建面板）中的"Plane（创建平面）"按钮，在 Front（前）视图中用鼠标拖出一个矩形平面，如图 10-2 所示。

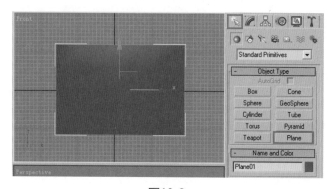

图10-2

按快捷键F9进入Material Editior（材质编辑器），选择一个空白材质球，单击下方Diffuse（漫反射）后边的小方块按钮，弹出 Material/Map Browser（材质 / 贴图浏览器）窗口，在列表中双击 Bitmap（位图），选取本课素材图片"天府 .psd"，如图 10-3 所示（该 PSD 文件包含多个图层，因此会遇到提示选择"图层混合导入"还是"图层独立导入"，选第一项即可）。

图10-3

此时材质球起了变化，已预览到了材质。保持前视图中的矩形平面为选中状态，单击材

质编辑器中的"Assign Material to Selection（把材质指定给选中物体）"按钮，使材质应用
到四方形上。再单击右侧"Show Map in Viewport（实时显示开关）"按钮，在屏幕中实时
显示材质，如图 10-4 所示。

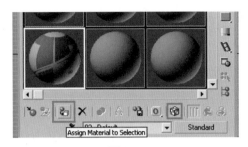

图10-4

参考底图做好了之后，单击创建面板中 Shapes（形状）下的"Line（创建线条）"按钮，
在前视图中以平面上的图案作为参照，绘制 T 字的左边部分，注意横平竖直，如图 10-5 所示。

选中样条线 Line01，在修改面板的修改器列表中选择"Bevel（倒角）"命令，如图 10-6 所示。

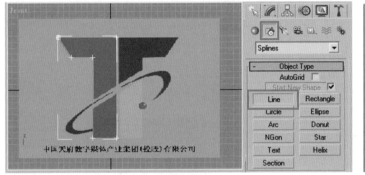
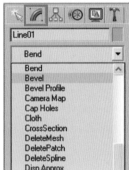

图10-5   图10-6

设置 Bevel Values（倒角值）卷展栏里的 Level 1 的 Height 值为 5.5；Level 2 的 Height
值为 2.0，Outline 值为 -4.0，如图 10-7 所示。

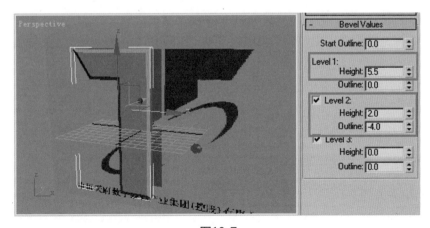

图10-7

单击工具栏中的"镜像"按钮，沿 Y 轴复制物体，以形成 T 字的背面，如图 10-8 所示。

框选这两个倒角图形（也就是 T 左边的正面与背面），选择菜单中的"Group（成组）→ Group"命令，将其合并成组。这样 T 字的左边部分就成为一个整体，下面再复制右边部分。选中 T 字左边 Group01，单击工具栏中的镜像 按钮，沿 X 轴复制。使用移动工具 将复制后的 T 字右边图形 Group02 对齐参考图像。此时可以删除或隐藏背后那个作为参考图像的矩形平面，如图 10-9 所示。

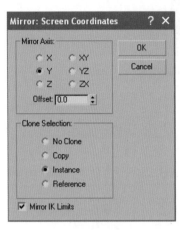
图10-8

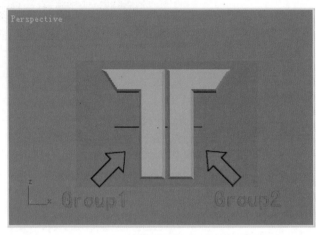
图10-9

接下来制作 T 字左右两部分的旋转动画。先单击屏幕右下角"Time Configuration（时间设置）"按钮，在弹出的窗口中确认选中 PAL 制式，如图 10-10 所示。

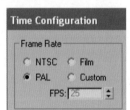

图10-10

将时间滑块移动到第 80 帧，使用旋转工具 （按快捷键 E）选中 Group01，单击时间线下方的"Set Key（设置关键帧）"按钮。选中 Group02，再次单击"设置关键帧"按钮，如图 10-11 所示（注意，选择成组物体如 Group01 或 Group02 时，要单击白色外框才能准确选取，如图 10-12 所示，不要错选为 Line01 等组内物体。选中后可在右侧面板中查看名称以确认是否选中了正确对象，如图 10-13 所示）。使用移动工具 选择 Group01 和 Group02，分别单击"设置关键帧"按钮。

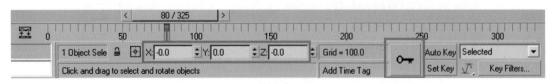
图10-11

以上操作的目的是将 T 字的最终状态记录为关键帧，分别用两种工具选取的原因是要做两种属性（位置、旋转）的动画。

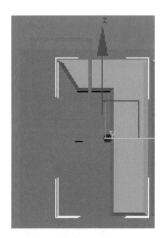

图10-12　　　　　　　　图10-13

将时间滑块拖到第 20 帧，单击"Auto Key（自动设置关键帧）"按钮，如图 10-14 所示。

图10-14

使用旋转工具 选中 Group01，在画面中转动它，或者直接在底部修改旋转参数，再选中 Group02，改变旋转参数，如图 10-15 所示（旋转角度可以自由调整）。

图10-15

使用移动工具 选择 Group01，在当前帧将其向左和向上移动一点距离（X 坐标和 Z 坐标分别调整约 20 的值）。设置好后单击关闭"自动设置关键帧"按钮。第 20 帧上的文字摆放效果，从顶视图和前视图中观察，如图 10-16 所示。

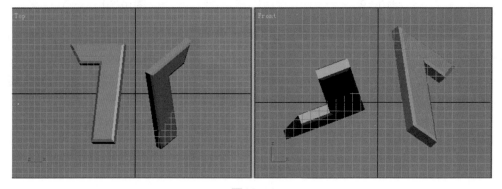

图10-16

单击创建面板中的 Cameras（摄像机）下的"Free（自由摄像机）"按钮，在前视图中单击创建出一个摄像机。在第 1 帧使用移动工具 ✛ 把摄像机移到 T 字前方正中的位置，单击"Set Key"按钮设置关键帧。按快捷键 L 切换到左视图，此时摄像机的位置如图 10-17 所示。把时间滑块移到第 80 帧，单击"Auto Key（自动设置关键帧）"按钮，在左视图用移动工具平移摄像机到如图 10-18 所示的位置。这样就通过摄像机与文字动画的配合，完成了 T 字飞入动画的制作。选择一个视图，按快捷键 C 以摄像机视图观察效果。

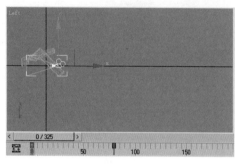

图10-17　　　　　　　　　　　　　　　图10-18

添加灯光。单击创建面板中的 Lights（灯光）下的"Target Spot（目标聚光灯）"按钮，在顶视图中拖出一盏灯光 Spot01，再用同样方法新建两盏 Omi（泛光灯），位置如图 10-19 所示。选中高处的泛光灯，如图 10-20 所示，在右侧修改面板下展开 Intensity/Color/Attenuation（强度 / 色彩 / 衰减）卷展栏，设置 Multiplier 为 0.64。

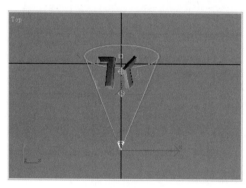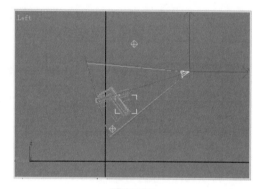

图10-19　　　　　　　　　　　　　　　图10-20

按快捷键 F9 进入材质编辑器，调出一种接近金属质感的材质。然后把材质指定给视图中的 Group01 和 Group02，如图 10-21 所示。

我们来进行动画的渲染。单击菜单中的"渲染设置"按钮 🔘，设置输出的时间范围为 0~84 帧，画幅选择 PAL D-1（也就是 720×576 像素），如图 10-22 所示。

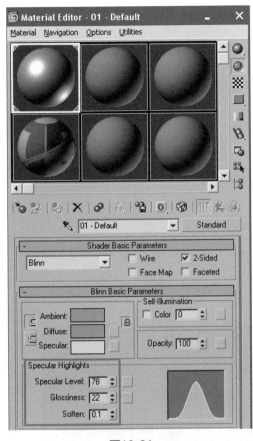

图10-21

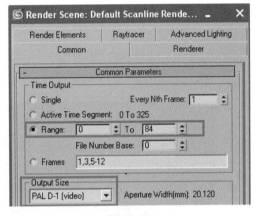

图10-22

单击下方的"File"按钮设置输出文件格式和名称，可新建一个文件夹 T，文件也命名为 T，格式选择 targa（带透明通道的序列图，Targa 简称 TGA），如图 10-23 所示。

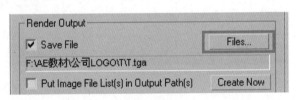

图10-23

从刚才创建摄像机开始，原来的四个预览窗口之一的透视图就变为了摄像机视图了。在摄像机视图上单击鼠标中键，确认当前选中的视图是摄像机视图，单击菜单中的渲染按钮，开始按照设置渲染序列图。

在 After Effects 软件中，新建一个"合成 1"，制式选择 PAL D1/DV，长度为 10 秒。在项目窗口中双击，导入文件夹 T 中制作好的序列图 T.targa（选中第一幅，并且勾选 Targa 序列），如图 10-24 所示。

图10-24

将序列图 T.targa 拖到时间线窗口，成为一个图层。将时间线指针拖到 2 秒以后，接近素材最后的位置，停留在 T 字静止的状态上，如图 10-25 所示。

图10-25

下面我们要在 After Effects 中制作三个部分的动画效果。

① 文字（标志下方小字，显出公司中文名称）的出场和闪光。

② 标志 T 的描边动画。

③ 标志 T 的变色。

先制作第一部分（文字）的动画效果。在"T"层下方新建一个文字层，按 Enter 键，命名为"公司名称"。文字层内容输入"中国天府数字媒体产业集团（控股）有限公司"。选中文字层，单击菜单中的"窗口→文字"打开字体窗口（这个窗口一般会在创建文字层后自动打开），设置字体为系统自带的 Terminal，颜色为 #F8DEAD，字号 25，加粗。在预览窗口中调整文字位置，如图 10-26 所示。

图10-26

选中文字层，使用工具栏中的（矩形遮罩工具）■ 绘制一个包住文字的长方形遮罩。在时间线窗口中展开文字层下方的"遮罩→遮罩 1"，在第 4 秒处打开"遮罩形状"参数的关键帧开关。将指针退回第 2 秒处，框选遮罩右边两个顶点，向左拖移（也可用键盘上的方向键平移），直到遮罩变小，文字完全被排除出遮罩范围而不可见为止。

设置遮罩羽化的值为 30。这样就在第 2 到 4 秒之间形成了文字从左侧渐入的动画，如图 10-27 所示。

图10-27

为文字添加底光效果：按快捷键 Ctrl+D 复制一次把文字层"公司名称"，复制出的图层"公司名称 2"起到叠加强化的作用。再复制一次，将复制出的图层"公司名称 3"，改名为"文字底光"，放置在其他两个文字层之下。向"文字底光"添加"效果→风格化→发光（即特效 Glow，也可翻译为辉光）"，并展开 Glow 的参数，设置"辉光半径"的值为 55，"辉光强度"的值为 3，"辉光色"为 A 和 B 颜色，颜色 A 为 #F9B955，颜色 B 为 #D98445，如图 10-28 所示。

图10-28

　　我们要的不是静止不动的辉光，最好有一定的强弱闪烁效果。"辉光阈值"好比一个控制辉光特效强弱的阀门，我们可在这个值上设定一些变化。将指针放在第 2 秒位置，打开阈值的关键帧开关，将其值设置为 44，在第 4 秒 08 帧将其值设置为 22，在第 5 秒 10 帧将其值设置为 55，在第 6 秒将其值设置为 14，在第 8 秒将其值设置为 30。这样就设置好了辉光的弱 - 强 - 弱 - 强 - 弱的变化。

　　下面制作第二部分（标志 T 的描边动画）。首先解决图像延长问题：当在合成预览窗口中播放到第 3 秒左右 T 字就消失了，这是因为动态素材的长度不够，我们要用静态素材接在后面。在项目窗口中双击导入素材，选择文件夹 T 中的最后一幅图片 T0084.targa，在导入时注意取消勾选"Targa 序列"复选框，这样才能导入单帧图片而不是序列图片，如图10-29 所示。

图10-29

将 T0084 拖入时间线，放在原图层"T"下面并调整入点到 3 秒左右处，刚好接上断掉的素材，将该层命名为"静态 T"，如图 10-30 所示。

图10-30

导入一幅新的素材"天府.psd"（以合并图层方式导入），放入时间线中图层"静态 T"的下面，展开图层"天府.psd"的缩放参数，取消勾选"约束比例"复选框，分别调整它的横竖值，并调整图层的位置参数，直到该层 T 字完全与静态 T 字重合（可临时降低图层"静态 T"的透明度以检查是否重合），如图 10-31、图 10-32 所示。

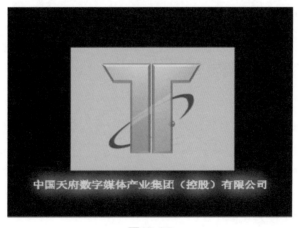

图10-31

图10-32

图 10-31 中有一个图层镜头光晕，读者可忽略。在原例中这个层加了插件特效 Knoll Light Factory，由于 After Effects 2020 不支持此插件，因此这一步省略。

按快捷键 Ctrl+D 复制图层"天府 .psd",选中复制后的图层,按快捷键 Ctrl+Shift+C 将其转换为一个合成,在弹出的窗口中为新合成命名为"描边",并选择第二项"移动全部属性到新合成中"。天府 .psd 这个图形我们要一图两用,打包入合成"描边"的那一层用来做描边参考,另一层留在下面做最后变色的素材。

进入合成"描边"进行编辑(在项目窗口中双击"描边"合成)。描边动画需要用到插件 3D Stroke,这个插件必须以 Mask(遮罩)作为路径进行描边,所以我们要在不同的图层中绘制多条遮罩的路径。

新建 4 个纯黑色固态层,自上而下分别命名为"T 左边""T 右边""轨道左""轨道右",图层叠加方式均设置为 Add(添加)。保持"天府 .psd"在这些图层之下,单击"锁定"按钮 🔒。

分别选中图层"T 左边""T 右边""轨道左""轨道右",使用工具栏中的钢笔工具 🖊,依据底层参考图"天府 .psd",分别在相应位置绘制遮罩路径,如图 10-33 所示。

(a) T左边

(b) T右边

(c) 轨道左

(d) 轨道右

图10-33

有个小诀窍就是画遮罩时不要封闭路径,最后一个点落在开始点附近,这样看起来是循环回去了。

为"T 左边""T 右边"两个图层中任意一层,添加插件特效"效果→ Trapcode → 3D Stroke",设置 3D Stroke 的 Thickness(厚度)为 4,颜色为白色;Offset(偏移)的值在第 2 秒 22 帧为 -100,第 4 秒为 0。

在时间线窗口中,选中 3D Stroke 特效,按快捷键 Ctrl+C 复制。然后选中另一图层(T 右边),按快捷键 Ctrl+V 粘贴特效。也就是 T 左边和 T 右边采用相同的特效,如图 10-34 所示。

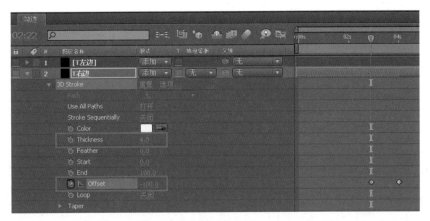

图10-34

　　为"轨道左""轨道右"两个图层中任意一层,同样添加3D Stroke特效,设置Thickness(厚度)为1,颜色为白色;Offse的值在第 3 秒 18 帧为 -100,在第 4 秒 18 帧为 0。将特效复制给另一层。这样四个描边层就都有了 3D Stroke 的描边。

　　解锁并删除最底层的"天府 .psd"。回到"合成 1"的编辑状态。给图层"勾边"(也就是刚才制作的描边那一层),加一个辉光特效以强化勾边效果。向图层"勾边"添加"效果→风格化→辉光",设置辉光阈值为30%,辉光半径为30,辉光强度为12,辉光色为 A 和 B 颜色,如图 10-35 所示。

　　设置图层"勾边"的图层叠加方式为"添加",画面播放到第 5 秒时的效果,如图 10-36 所示。

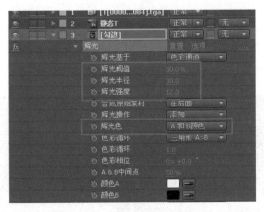

图10-35

图10-36

　　最后制作第三部分(标志 T 的变色)。原理是通过蒙版的变形使银色 T 层消失,露出下面的彩色标志层。

　　新建一个任意颜色的固态层,放置在图层"静态 T"上方,命名为"蒙版"。按快捷键 P 展开该层的位置参数,将指针放在第 5 秒,打开关键帧开关,将指针移到第 6 秒,修改 Y 坐标为 904。

　　在图层"静态 T"的轨道蒙版选项栏中,选择"Alpha 蒙版(为):蒙版"。这样,金属 T 就在 5~6 秒间消失了。接下来再对金属 T 消失后露出的彩色 T 做些修饰。

　　选中图层"天府 .psd",添加"效果→过时→颜色键",展开"颜色键"的参数,用当

中的滴管工具 在合成预览窗口中选取彩色标志周围的背景灰色，去除多余背景。

彩色的"天府.psd"不可能一开始就在画面上，还要做它的渐显动画。这一步只需借用刚才的动态蒙版即可。

按快捷键Ctrl+D复制图层"蒙版"一次，将复制出来的图层"蒙版2"拖到图层"天府.psd"上方，在图层"天府.psd"的轨道蒙版选项栏中，选择"Alpha反转蒙版（为）：蒙版2"

现在的时间线窗口，如图10-37所示。

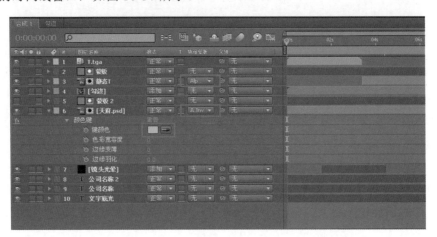

图10-37

最后制作一道伴随变色过程的光效。新建一个橙黄色的固态层，命名为"扫光"，图层顺序位于最顶层的T下方。使用工具栏中的椭圆形遮罩工具 绘制遮罩，如图10-38所示。

展开该层"遮罩1"的参数，在第5秒06帧打开"遮罩形状"前的关键帧开关，并将遮罩1移动到标志顶部（不要去拉顶点，否则会扯变形，要拉边线），在第5秒19帧将遮罩1移动到标志底部，如图10-39所示。

图10-38

图10-39

对图层"扫光"添加"插件特效Effect → Trapcode → Shine"，展开Shine特效的参数，设置Ray Length的值为4，Boost Light的值为4。修改图层叠加方式为"添加"。

为了使扫光范围不超出文字，最后再用文字形状做个蒙版：选中图层"静态T"，按快捷键Ctrl+D复制一层。将复制出来的"静态T 2"置于图层"扫光"之上。在图层"扫光"的轨道蒙版选项栏中，选择"Alpha蒙版：静态T 2"，最后的时间线，如图10-40所示。

图10-40

按快捷键 Ctrl+M 打开渲染队列窗口，单击黄字"最佳设置"，在弹出的窗口中，找到"自定义起止时间"按钮，单击后修改结束时间为 7 秒，确定后单击"渲染"按钮，如图 10-41 所示。

图10-41

AE 第 37 课
景区宣传片头

1. 理论知识：思路与技术分析

本节案例没有用到太多复杂的特效，而是更接近一种平面版式设计，呈现了一个小的画中画视频和文字内容。为了避免呆板感，将画中画视频旋转到一定角度，打造出 2.5D 空间透视感。

此外，本节中最重要的一个新知识，就是引导读者使用 After Effects 效果窗口中提供的一类"预设（Presets）"效果。预设是 After Effects 软件内预先准备好的一类将特效、关键帧、表达式、文字层 Animate 功能等多种技术混合的表现方案，有很多复杂的手法叠加，但是用起来却极为方便，只需要双击选择某个预设，就可以快速应用到当前图层的当前时间上，生成一定的画面或动画效果。预设可以说是"懒人"设计，在做商业项目需要快速追求结果时，十分有效。预设内部也有分组，有专门针对动态背景的组、有专门调色的组、有专门制作文字动画的组，还有入场、出场的转场组，本节的文字入场出场就是主要使用了预设来完成的。笔者在 2021 年制作的十三集系列作品《旅游大数据科普动画》中，涉及文字、图片入场、出场时，大量使用了预设，提高了项目制作效率。如图 10-42 所示是制作花絮，一幅图片用到了"块溶解 - 数字化"的预设。

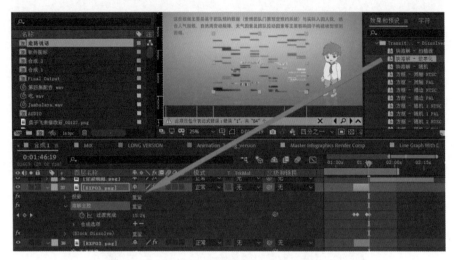

图10-42

2. 范例：景区宣传片头

（1）范例内容简介：本例将制作一个 30 秒左右的景区宣传片头，由于景区视频素材的清晰度不高，不适合全屏播放，所以可以索性将其作为一种画中画元素出现，当成平面版式设计，左图右字，并在此基础上，为所有的视觉元素设计一定的出入场效果。

（2）影片预览：生物礁国家地质公园 .mpg。

（3）制作流程和技巧分析，如图 10-43 所示。

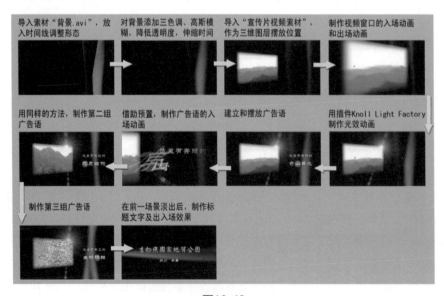

图10-43

由于 Knoll Light Factory 灯光工厂插件在 After Effects 2020 中不被支持，因此制作时忽略图 10-43 中灯光工厂相关的光效即可。

（4）具体操作步骤：

新建项目"生物礁国家地质公园"。新建合成"主场景"，选择制式为 PAL D1/DV 宽银幕方形像素，时间长度为 32 秒，如图 10-44 所示。

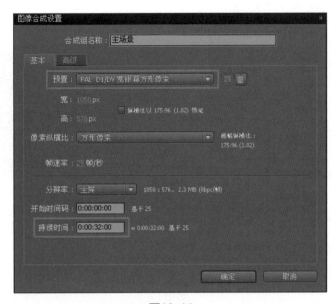

图10-44

先来制作片子当中最基础的动态背景。在项目窗口中双击导入素材"背景.wmv"，这是一段在 3ds Max 中制作的抽象背景动画。将导入的素材"背景.wmv"从项目窗口中拖入时间线窗口，使之成为一个图层，按 Enter 键将该层重命名为"背景 A"。

调整图层属性中的位置、缩放和旋转（旋转 90°）值，并在合成预览窗口中手动拖移、拉伸该图层，使背景 A 在画面中的位置如图 10-45 所示。

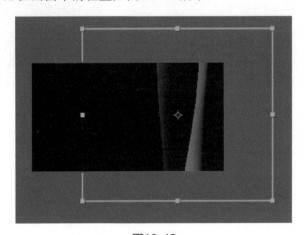

图10-45

这样的一个灰色背景还不是最终效果。对图层"背景A"添加"效果→颜色校正→三色调"，在特效控制台中设置三色调的高光为#FFF6BD，中间色为#93BC15，阴影为#000000。再添加"效果→模糊与锐化→高斯模糊"，设置模糊量为58.4，如图10-46所示。还要将该层的图层属性中的透明度降低为70%，效果如图10-47所示。

图10-46　　　　　　　　　　　　　　　　　　图10-47

因为本例中有前后两个不同的场景，所以需要两段不同的背景，而这两段背景实际上来源于同一图层的复制与变换。选中图层"背景A"，按快捷键Ctrl+D复制一次，将复制出来的图层命名为"背景B"。

选中图层"背景A"，选择菜单中的"图层→时间→时间伸缩"，设置伸缩功能（Stretch Factor）为121%，这相当于慢放，也把该层的持续时间略微延长了，直到21秒19帧结束。剩下的时间用"背景B"来填充，将图层"背景B"向右拖动，使它的入点对齐背景A结束处，如图10-48所示。我们再来修改后一段背景"背景B"的图层属性，通过调整移动、旋转、缩放属性，让画面中的背景呈现横向，如图10-49所示。

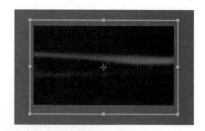

图10-48　　　　　　　　　　　　　　　　　图10-49

下面来制作另一个视觉元素——画中画视频。在项目窗口中导入素材"宣传片视频素材.wmv"，将它拖入时间线，放在背景A和背景B的上方。选中图层"宣传片视频素材"，用工具栏中的矩形遮罩工具■，绘制一个与视频基本等大小的遮罩，刚好将视频框起来，然后设置遮罩羽化为70像素，遮罩扩展为-20像素，如图10-50、图10-51所示。

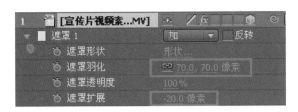

图10-50

图10-51

在时间线窗口中，打开图层"宣传片视频素材"的三维图层开关，展开图层属性中的变换参数组，设置位置坐标为（394.9，291.8，0.0），设置比例值为53%，设置Y轴旋转为-42°。如图 10-52、图 10-53 所示。

图10-52

图10-53

片中的大部分时间内，"画中画视频"就是这样播放自身内容，但我们还需要制作它的入场动画和末尾的出场动画。

本例对于该画中画视频的出入场动画的设计较为简单，采用缩放+淡入（位置、缩放+透明度）这种基本形式，下面大家一起跟着做。将时间线指针放在第12帧的位置，打开位置属性、缩放属性、透明度属性前面的关键帧开关，记录下此时的状态。将指针倒退到 0 秒 0 帧，修改位置的坐标值为（776.9，291.8，0）；修改缩放为 128%；修改透明度为 0%，入场的变化就做好了。

出场动画与入场基本相同，只是趋势相反（一个进，一个出），所以采用复制关键帧的方式制作即可。选中第 12 帧上的位置和比例关键帧，按快捷键 Ctrl+C 复制，将时间线指针移到第 21 秒 12 帧，按快捷键 Ctrl+V 粘贴。选中第 0 帧上的位置和比例关键帧，按快捷键 Ctrl+C 复制，将时间线指针移到第 21 秒 24 帧，按快捷键 Ctrl+V 粘贴，如图 10-54 所示。

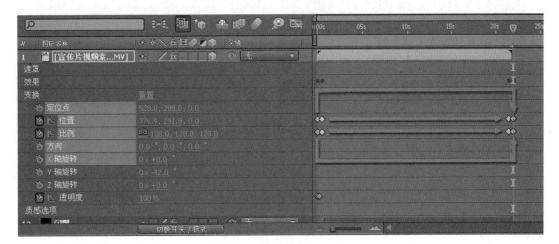

图10-54

在画中画视频入场和出场时，最好伴随一点模糊效果。对图层"宣传片视频素材"继续添加"效果→模糊与锐化→方向模糊"。在图层属性中设置方向模糊的方向为90°，设置模糊长度参数的关键帧，在第0帧时为150，第12帧时为0，第21秒12帧时为0，第21秒24帧时为150，如图10-55所示。

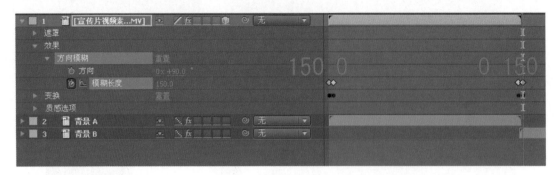

图10-55

我们来预览一下画中画在21秒12帧至21秒24帧之间的出场效果，如图10-56所示。

视频窗口周围最好伴随一些光线效果以便更好地吸引观众的注意力。新建一个黑色固态层，命名为"闪耀"，放置在图层"宣传片视频素材"的下方。选中该层，在第15帧按快捷键Alt+[，在第21秒20帧按快捷键Alt+]设置图层的出入点，这一段时间范围正好是我们的场景需要"光线"衬托的时间。向图层"闪耀"添加"效果→Knoll Light Factory→Light Factory EZ"，在特效控制台中设置Light Factory EZ的Flare Type（光晕类型）为Rock Concert，Color为#FDE689。如图10-57所示。

图10-56

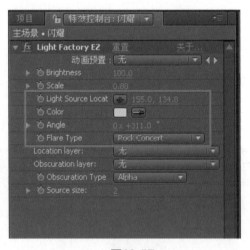

图10-57

将图层"闪耀"的图层叠加模式设置为"添加"，就可以在画面中看到光线效果了。

以上步骤中用到的是插件特效Knoll Light Factory EZ，由于这个插件在After Effects 2020中无法继续使用，读者仍然可以选择制作"闪耀"图层，但用"效果→生成→镜头光晕（Lens Flare）"这个特效取代Light Factory EZ，做出类似的光效。

接下来制作视觉元素中的广告语，也就是出现在画面中的一些宣传文字，它们分为三组，需要分别制作。

先制作第一组。使用文字工具 T 在合成窗口中单击创建文字层，输入"这里有秀丽的"，在文字窗口中设置字体为"华文隶书"，字号为 40，颜色为 #D1D9A3。再建一个文字层，输入"奇山异水"，设置字体为"华文隶书"，字号为 60，颜色为 #FFFFFF。再创建一个固态层，设置固态层的名称为"圆底 A"填充色为 #8E3C72，或者向固态层添加"效果→生成→填充"设置同样的填充色。用椭圆形遮罩工具对圆底 A 绘制一个圆形遮罩，使圆形遮罩正好位于"山"字下方。如图 10-58 所示。

图10-58

选中这三个图层，将时间线指针移到第 8 秒 2 帧，按快捷键 Alt+] 设置出点，如图 10-59 所示。

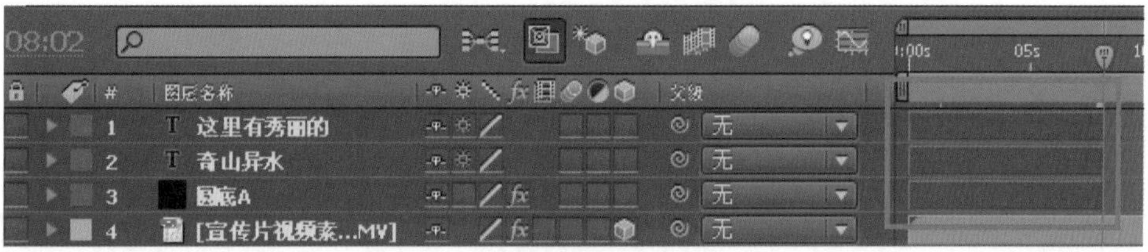

图10-59

然后我们来设计文字入场和出场的动态效果，本例选择借助某些"预设（预置）"来实现。有时直接调用预设能达到很好的效果。

将指针放在 0 秒 0 帧，选中文字层"这里有秀丽的"，在效果与预置窗口中，展开"动画预设→文字（Text）→动画入（Animate In）"，最后找到"慢速淡入"并双击应用。这样该层就从 0 秒 0 帧开始产生了入场的动画效果，如图 10-60、图 10-61 所示。

图10-60

图10-61

选中文字层"奇山异水",将时间线指针稍微向右移动一点,比"这里有秀丽的"进入时间稍晚,我们换一种形式,双击应用慢速淡入下面的"平滑移入"预置,效果如图10-62所示。

图10-62

对于图层"圆底A"这个辅助图形,没有必要用什么复杂的预置效果了,直接做一个透明度的关键帧动画,让它也有一个淡入淡出效果,如图10-63所示。

图10-63

对于两个文字层的出场动画,可以在第7秒14帧到8秒04帧之间做一个透明度关键帧动画,使透明度从100降到0,如图10-64所示。

图10-64

本例还需要制作另外两组广告语,方法与前面的基本相同,也需要调用预置和透明度等制作出入场动画。第二组广告语的持续时间在8秒04帧至15秒13帧之间,画面效果如图10-65所示。第三组广告语的持续时间在15秒14帧至21秒20帧之间,如图10-66所示。

图10-65

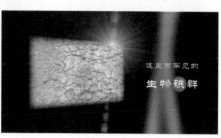

图10-66

下面制作出现在宣传片末尾的标题。通过预览，我们看到片子在 22 秒以前的内容已经比较完善了，但 22 秒以后只有背景而无内容，需要制作标题文字。

将时间线指针放在第 22 至 32 秒之间的任意位置，新建文字层，输入内容"生物礁国家地质公园"，在文字窗口中设置字体为"经典繁颜体"（笔者采用的是需要安装的特殊字体，如没有可使用其他字体替代），字号为 70，左右间距 110，如图 10-67 所示。

作为标题，该文字层需要某些样式来进行强化，我们将对文字层"生物礁国家地质公园"添加两个特效。首先，添加"效果→生成→梯度渐变"，设置渐变开始色为 #E7A236，结束色为 #FFEAAC，调整渐变开始点和结束点的坐标，形成上下渐变过渡。其次，添加"效果→透视→斜面 Alpha"，设置边缘厚度为 2，照明角度为 -60，如图 10-68 所示。

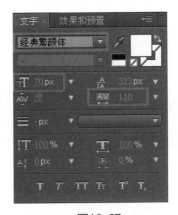

图10-67　　　　　　　　　　图10-68

再创建一个文字层，输入内容"四川　安县"，设置字体为"华文隶书"，字号为 40，颜色为白色（#FFFFFF），左右间距 100。两个文字层的组合效果如图 10-69 所示。

图10-69

选中这两个文字层，按快捷键 Alt+[、Alt+] 设置出入点，使它们的存在时间都限制在 23 秒至 31 秒 24 帧。最后，采用我们在前面步骤中已经熟悉的方式，为标题文字制作出入场动画。

先将指针放在第 23 秒位置,选中文字层"生物礁国家地质公园",展开"动画预置(Presets)→文字→动画入",双击应用"慢速淡入";选中文字层"四川 安县",将时间线指针稍微向后错开一点,双击应用"平滑移入"预设,即完成入场效果。至于这两个文字层的出场效果,只需分别制作透明度变为 0 的关键帧动画即可。

全部的视觉元素制作完毕,作为一个短片,不可忽略音乐。导入素材"配乐 .mp3",将它放在时间线的最底部。可以对音频层设置出入点略微剪辑,使音乐响起与画面开场同步。

其实在这个宣传片的创作中,是先有了配乐,再根据音乐确定视觉元素的持续时间的。

AE 第 38 课
人偶位置控点工具

1. 理论知识:思路与技术分析

在 After Effects 顶部工具栏中,有一个 "Puppet Pin Tool",可以翻译为人偶位置控点工具或木偶图钉工具、自由位置定位工具,如图 10-70 所示。

图10-70

它可以让我们在某一个图层上,打一些定位点,用这些定位点来拉扯图层内容,做出有限的变形效果。它最大的应用意义在人物角色动画上,在基本不用分层的情况下,也就是人物四肢身体在同一层时,可以做出一种身体动作的动画。并且由于全身都在同一层,动画中有身体各部分互相牵扯的柔性感觉,与那种四肢分层的机械式僵硬动画不同,它们各自代表了两种不同的人物动画制作方法。本节介绍这样一种动画技术,以供大家在各类项目中应用。

2. 范例:剪纸人物

(1)范例内容简介:导入一幅中国传统剪纸风格的人物图片,利用人偶位置控点工具,打定位点,做定位点关键帧动画,使人物身体各部分能活动,做出人物动画。最后尝试应用一个雪天特效 CC Snowfall。

(2)影片预览:剪纸人物 .wmv。

(3)制作流程和技巧分析:导入一幅图片,用复制图层和画遮罩的方式,将其划分为"上半身"和"下半身"→用"人偶位置控点工具"为两层分别打图钉→制作图钉动画→制作下雪效果。

(4)具体操作步骤:

新建合成"合成 1",制式为 PAL D1/DV,长度为 5 秒。

在项目窗口中双击，导入本节素材"renwu.tif"，这种剪纸素材很适合用来制作中国传统风格的动画。将 renwu.tif 拖入时间线，成为一个图层。我们在合成预览窗口中看到人物稍微有点大，选中该图层，按快捷键 S 展开其缩放参数，设置缩放的值为 70%，如图 10-71 所示。

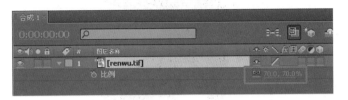

图10-71

为了在后面做角色动画时避免身体拉扯过度，可以先将身体适当分层（这是实际动画制作中的灵活判断，并不是必要原则）。

按快捷键 Ctrl+D 将图层"renwu.tif"复制一次。选中上面一层，按 Enter 键将其重命名为"上半身"。选中下面一层，重命名为"下半身"。新建一个白色固态层做背景，放在最底层并锁定，如图 10-72 所示。

图10-72

选中图层"上半身"，使用工具栏中的钢笔工具 绘制遮罩。遮罩刚好框选出人物的上半身，需要特别注意腰部的范围，如图 10-73 所示。

图10-73

选中图层"下半身"，使用钢笔工具绘制遮罩。这样一来两个图层各自包含了不同的身体部分，如图 10-74 所示。

图10-74

下面使用"人偶位置控点工具"来为上半身打"图钉"。 After Effects 制作角色动画的传统方式一般是：将身体要活动的部分拆分为独立的图层，如手、脚、臂、腿，分别调整这些图层的中心点、旋转、位置等参数以达到活动目的，这样做出来的动画肢体带有一种僵硬、分离的感觉。而用 Puppet Pin Tool 制作角色动画，除了制作方式更为直观，还可以产生出肢体间的自然拉扯效果，使动画的感觉更生动。

图钉即是操纵角色的控制点，移动控制点可以对该点与另一点之间的身体部分进行扯动，由此做出动作变化。打图钉的位置原则上是在角色身体的关节处和末端处，不过在实际制作中要根据情况反复实验。选中图层"上半身"，将时间指针放在第 3 秒位置。单击工具栏中的人偶位置控点工具 ★，在合成预览窗口中的人物身上依次打四个点，如图 10-75 所示。

图10-75

在时间线窗口中选中图层"上半身"，按快捷键 E 展开"木偶（也翻译为操控）→网格1（Mesh1）→变形"，有四个图钉选项"悬挂式木偶 1（也叫 Puppet Pin）"至"悬挂式木偶 4"。展开悬挂式木偶 1 和悬挂式木偶 2，可以发现，当我们打上图钉后，相当于在当前帧上设置了位置关键帧，如图 10-76 所示。

将时间指针移到第 3 秒 9 帧，在合成预览窗口中分别将 Puppet 1 和 Puppet 2 两个图钉点向左下方拖移一些；将指针移到第 3 秒 23 帧，分别将 Puppet 1 和 Puppet 2 两个图钉点向右下方拖移一些，形成的动画轨迹，如图 10-77 所示。

图10-76

Puppet 1

Puppet 2

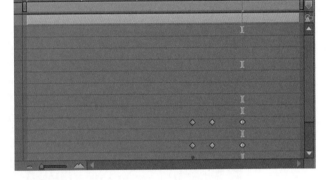

图10-77

这样上半身的动画就制作完了，我们可以播放查看手臂的移动及对上半身的牵动效果。下半身的图钉动画稍微复杂一些。在时间线窗口中选中图层"下半身"，将指针放到第 1 秒位置，依次打 8 个图钉，如图 10-78 所示。

1, 2, 3, 7, 8
用于牵动下肢
4, 5, 6
用于保持身体

图10-78

将时间指针移动到第 1 秒 10 帧位置，分别调整 Puppet Pin 1、Puppet Pin 2、Puppet Pin 3 三个图钉点位置，如图 10-79 所示。

图10-79

我们完成了角色右腿的动画，但我们想要的右腿动作是收缩而不是伸张，因此要把第 1 秒上的三个关键帧与第 1 秒 10 帧上的关键帧互换。展开图层"下半身"的"木偶→网格 1 →变形"，再展开悬挂式木偶 1、悬挂式木偶 2 和悬挂式木偶 3，用框选拖移的方式将第 1 秒和第 1 秒 10 帧的两组关键帧互换位置（第一组可先拖到中间任意时间，待后一组移动到位后再拖到目标帧，注意不要相互覆盖），如图 10-80 所示。

图10-80

接下来制作角色左腿的动画。将时间指针放到第 2 秒位置，略微移动 Puppet Pin 7 和 Puppet Pin 8 两个图钉点到如图 10-81 所示位置。

图10-81

在时间线窗口中展开 Puppet 7 和 Puppet 8 选项，将它们第 1 秒上的两个关键帧框选并拖移到第 2 秒 10 帧。角色的动画制作完成，如图 10-82 所示。

最后我们再为场景添加下雪的效果。新建一个黑色固态层，重命名为"雪"，放在所有图层的顶层。为其添加"效果→模拟→CC Snowfall"，参数可根据画面效果自行设置，参考设置如图 10-83 所示。

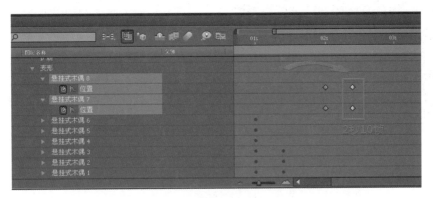

图10-82

图10-83

现在是黑底白雪，我们应配合画面美术风格将雪的颜色改为黑色，并使其叠合在画面中。

选中图层"雪"，添加"效果→通道→反转"（After Effects 2020 软件中有一个错误翻译，把特效组通道翻译为了声道，其实应为 Channel 组中的 Invert 特效）使其颜色反转。然后将图层"雪"的叠加模式修改为 Darken（变暗），如图 10-84 所示。

在菜单中选择命令"合成→添加"到渲染队列，渲染一个 10 秒以内的短动画。最终效果如图 10-85 所示。

图10-84

图10-85

第11章 VR视频制作技术

□ **学习目的**

理解 VR 视频的概念范畴，掌握多种形式 VR 视频制作技术。

□ **理论知识**

从 2016 年的"VR 元年"到 2021 年"元宇宙"概念的火爆，Virtual Reality 虚拟现实技术开始成为数字经济中的新热点。在笔者看来，VR 并非概念炒作，它为观众和消费者带来的，是更大信息量的全景式欣赏角度和左、右眼视差形成的视觉立体感（3D），这两者都是以往的数字视频和视听娱乐产品中所不具备的新要素，它们提升和拓展了人类的感官体验。传统的八大艺术门类，很多也是以感官体验为依据来划定的，不同门类的艺术调动了从视觉到听觉到触觉的感知方式，而 VR 技术也带来了新的感知方式和欣赏体验，以及创作方式、艺术美学、技术工艺的变化，

图11-1

图11-2

类似于形成了一种新的艺术亚门类，这当中的内涵确实支撑得起一场产业变革。如图 11-1、图 11-2 所示为行业内 VR 视频的制作花絮。

作为一个创作者，笔者在未来若干年计划将 VR 作为自己的主方向。院校师生也很适合将 VR 作为创作方向，在当前和未来，VR 相关的创作类别被很多设计比赛所青睐，并且作为一个有一定技术门槛的前沿领域，竞争相对较小。在某些全国设计比赛中，静态设计作品类（海报等）参赛作品达到万件以上，而交互式视频类为一百多件，游戏与 3R 组为两百多件。另外，

VR 作品在制作技术上与传统视频、游戏一脉相承，我们作为一个数字视频的熟练创作者以及 After Effects 特效设计师，只需要稍微学习一下新的 VR 技术就能切换过去，本章介绍的知识就能解决这个切换问题。

　　VR 技术主要有游戏和视频两大应用板块。对于这两大板块笔者均有一定研究，关于游戏，大家可以阅读笔者的另一本教材《Unity 完全项目制作实战》（北京联合出版公司，2021 年 09 月出版）。笔者已初步掌握 HTC Vive 和 Pico 两种 VR 终端设备上的 VR 游戏开发技术，开发的一款测试小游戏，在技术上已经达到了 VR 游戏全球主流平台 Viveport 的上线标准（只是由于美术投入不足、内容不充实而被下架）。这部作品的演示地址为 http://1xianxian.cn/p/45524. html），如图 11-3 所示。关于 VR 视频，笔者从 2017 年开始研究，学习和测试了很多不同的软、硬件，逐渐筛选出了一些行之有效的方法，本章主要就为大家介绍 VR 视频的制作方法。

图11-3

　　VR 视频又称为沉浸式视频，但是根据其技术、形式不同，又分为很多种类。笔者作为有实践经验的一线制作者，又是院校科研工作者，在概念上为大家梳理出一套完整的定义，简称"两要素，三形式"。采纳笔者这套认知体系后，VR 视频的相关概念就会非常清晰明了。

　　VR 视频或者沉浸式视频有两个要素，分别为：（1）720°全景（或者叫 360 全景），即视频内容为"环形 360 度＋天地"的完整包裹模式，具有全景透视，视频画幅宽高比为 2:1。（2）左右眼视差（与大众熟知的 3D 电影概念一致），即视频制作时，模拟人的左右眼，制作两个有左右距离差的视频信号，这两个视频信号上下或左右均分画面，或者用不同颜色过滤，存储在一个视频文件中，最终让专用终端设备（如 VR 眼镜、一体机）经过识别解析后，把左右的视频信号分别显示给观众的左右眼，达到一种距离感、立体感的还原和生成。

　　在 VR 视频创作实践中，由于摄影器材、成本、传输的限制，创作者很难让作品同时具备两个要素，往往只能制作出一个要素而放弃另一个要素，从而形成不同类型的 VR 影片。比如在 VeerVR 等国内主流 VR 视频平台上，可观看的一个日本的系列作品《透明少女》，就是放弃了 360 全景要素，而只具备左右眼视差要素，这一类视频可以叫作 3D 视频。《透明少女》突出 3D 电影式的视差效果，实际摄制视角接近于 180°，内容是一些美丽的女生在房间中与镜头亲切地交谈，通过视差效果还原出立体感，人物栩栩如生，如图 11-4 所示。180°视角虽然覆盖不到镜头背后，房间环境并不完整，但不影响主体内容的呈现，所以创作 VR 视频不一定强求同时具备两大要素，而是可选择与作品内容更加匹配的形式。该作品经过 VR 视频平台压缩后，视频文件的质量有一定的损失，并不等于原质量，但可以大略看一下这种 3D 视频的规格和参数，如图 11-5 所示。这个左右眼视差视频中的单眼看到的画面，尺寸为 2560×1280 像素，两个这样的视频信号经过上下分屏，同时存储在一个画面中后，视频出来的实际大小就为 2560×2560 像素。这个清晰度不够，当前无论是平台发布，还是比赛参赛，都应该把分辨率至少做到 4320×4320 像素，即单眼看到的画面达到 4320×2160 像素（4K）。此外，Frame Rate（每秒帧数）为 30fps，VR 视频的帧率应该不低于 30fps，最好接近 60fps。Bit rate（比特率）为 18.9 Mbps，比特率越高画质越好。

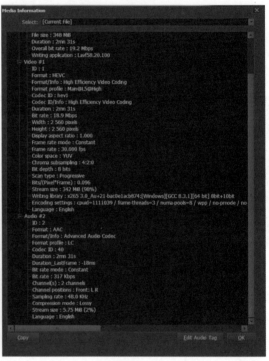

图11-4　　　　　　　　　　　　　图11-5

同样，从詹姆斯·卡梅隆的电影《阿凡达》开始，到如今已较为普及的 3D 电影，既可以在影院播放，也可以在私人 VR 设备上播放，但也只具有左右眼视差要素，并不具备 720° 全景要素，如图 11-6 所示。

图11-6

另一类 VR 视频具有 720° 全景要素，但不具备左右眼视差要素，这一类视频可以叫作全景视频。由于全景视频无视差要素，在收看时不需要分隔左右眼，可以在手机、电脑等设备上播放，用专用全景播放器软件（如 UtoVR、优酷 VR）打开，即可拖动旋转角度，查看全景内容，因此更为普及。笔者的一个学生（川音 2014 级动画）毕业后去了成都的一家知名 VR 视频制作公司（Hey VR）工作，该公司的作品《北纬十八度》《Hello 成都》《零距离接触网红熊猫宝宝》等，影响广泛，代表了国内全景视频的较高制作水平。该公司的一系列作品可在 UtoVR 网站平台上欣赏，可获得等同于专用播放器的交互播放效果，如图 11-7 所示。笔者在 2018 年为室内设计师何相忆现场实景拍摄的《龙湖时代天街户型装修实景 VR 视频》（获得了 2021 年首届成渝杯数字媒体艺术作品大赛二等奖）也同属此类 720° 全景视频，当不用全景播放器软件打开，而是用普通的视频播放器（如 KM Player、暴风影音）打开时，就不能使用旋转角度环形查看的功能，但是可以一睹视频全貌，看到这一类全景视频的"真身"，如图 11-8 所示。

图11-7

图11-8

　　以上介绍的"左右眼视差""720° 全景"两大要素，笔者认为只要具备了其中之一，就可以称为 VR 视频或者沉浸式视频了，创作者可以根据自己的创作内容酌情选择技术路线。视频作品要同时兼具两大要素并不容易，以实际拍摄为例，单独的 3D 相机、全景相机都比较常见，但是同时具有"双摄像头＋全景"的相机很少见，价格也极其昂贵，纯靠这种设备拍出的 3D+ 全景视频，只有像 Prada 的一些时装走秀视频和少数演出转播中出现过，如图 11-9 所示。要做出同时具有两大要素的"全要素 VR 视频"，运用三维动画、后期合成等方法比纯粹实拍更容易一些，不过也要加大工艺和成本投入，是一种花费相对高昂的创作形式。

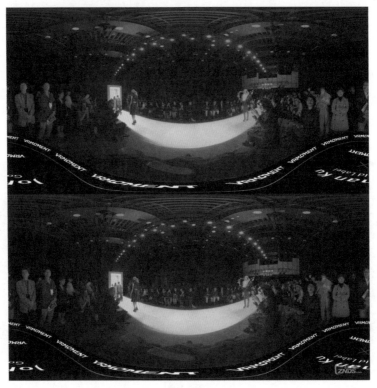

图11-9

除了两要素之外，VR 视频从制作技术和视觉形式上来看，还可以分出三种技术路线，也就是所谓的"三形式"：实景拍摄、三维动画、特效合成。其实，非 VR 的传统视频，其制作形式也无外乎也是以上三种，再加一种二维动画（逐帧绘制）。VR 视频与传统视频在制作形式上是基本对标的，只是 VR 视频没有纯粹用二维动画方式制作的，因为 VR 视频的 720 全景具有一种复杂的全景透视和扭曲变形，3D 则具有左右镜头间的视差，这些东西不可能凭着想象去画出来，而是需要用计算机合成计算出来的，因此在 VR 视频制作中可以明确排除纯粹的二维动画式逐帧绘制的技术路线。不过，VR 视频中也能够体现出二维动画、二维卡通的视觉风格，那是因为它把一些单个二维卡通元素，拿来在空间中叠放、错位、排列，经过计算机合成呈现或者是三维建模后，进行二维卡通贴图，这些技术手段应该归纳入特效合成或三维动画。因此，用"三形式"就能完全概括现在的 VR 视频制作方法。

经过上一段分析，我们了解了 VR 视频的三形式概念，那么三种形式的 VR 视频具体如何制作呢？或者说三种形式下如何分别实现 VR 视频的两大要素，表 11-1 反映了一套笔者探索过的可行的技术路线。

表11-1　三形式两要素技术全图

形式	720°全景	左右眼视差 3D	全要素（720°+3D）
实景拍摄	采用全景相机拍摄，Autopano Video Pro+Autopano Giga+PT Gui等软件走拼接流程	可用双单反相机组合，平行拍摄。或者使用专用3D摄像机	高端全景+3D摄像机，一般价格在10万以上
三维动画	3ds Max中Vray3.0adv以上版本，开启全景渲染	3ds Max中双摄像机渲染两个不同角度的视频	3ds Max中Vray 3.0以上版本，开启全景渲染，并且双摄像机渲染两个不同角度的全景视频
后期合成	After Effects或Premiere软件均可以合成，水平线附近物体没有什么透视变化可以不处理，靠近天或地两极的物体，采用全景变形插件Skybox处理，与补地LOGO的制作原理相同	After Effects或Premiere软件均可以合成，按照场景中物体的远近层次，分别错位，近景错位大一些（比如12像素），中景错位小一些（比如6像素），远景保持不动	After Effects或Premiere软件均可以合成，先进行720°全景制作，再复制一个合成，进行左右眼视差3D错位制作

□ **本章导读**

AE 第 39 课 实景拍摄形式

1. 理论知识：思路与技术分析

实景拍摄形式的 VR 视频制作，可用多种不同的相机和软件完成。以下是笔者在实践中摸索出来的一套行之有效的技术流程和宝贵经验。

本节第一个范例针对 720°全景要素的实现，第二个范例针对左右眼视差 3D 要素的实现。为了实现 720°全景视频的拼接流程，先要安装三款软件：Kolor 公司的 Autopano Video Pro，这是一个操作简易的全景视频拼接软件；同为 Kolor 公司的 Autopano Giga，这是一个全景图拼接软件，与前者有着非常紧密的配合关系；另一款全景图拼接软件 PT Gui，它有控制点拼接图像的强大功能，可以将它引入前面两个软件的制作流程中，进行更细化处理。

2. 范例：实景拍摄形式的 720°全景视频

（1）范例内容简介：拿到全景摄像机拍摄的四个镜头素材，使用 Autopano Video Pro+Autopano Giga+PT Gui 等软件走拼接流程，得到 720°全景视频。

（2）影片预览：720°全景完成.mp4。

（3）制作流程和技巧分析，如图 11-10 所示。

（4）具体操作步骤：

本节提供了四个视频素材，是一款全景相机（见图 11-11、图 11-12 所示）的前、后、左、右四个鱼眼镜头拍摄的。

图11-10

图11-11

图11-12

打开 Autopano Video Pro 软件，左上角的 Input Videos 窗口可导入素材，类似于 After Effects 的项目窗口，如图 11-13 所示。

将"F4Plus041505_121506AA_00_A""F4Plus041505_121506AA_00_B""F4Plus041505_121505AA_00_C""F4Plus041505_121505AA_00_D"四个视频素材，拖入这个窗口。按快捷键 Ctrl+S 保存工程项目，最好和四个素材保存在同一个文件夹中，后缀名为 .kava。在下方单击 Stitch as（缝合）下拉列表中的 Stitch as，如图 11-14 所示。

图11-13

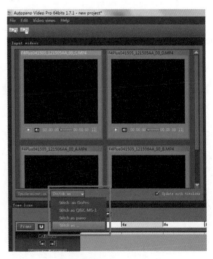

图11-14

在弹出的镜头属性窗口中，采用默认设置即可，也就是 Focal 为 1.50mm；Lens type 为 Fisheye（鱼眼镜头模式），如图 11-15 所示。

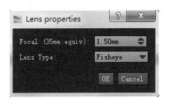

单击“OK”按钮之后，出现一些变化，我们存储四个视频素材的计算机文件夹中，多出了四幅采样图，如图 11-16 所示。

Lens properties
Focal (35mm equiv):
1.50mm
Lens Type:
Fisheye
OK
Cancel

图11-15

F4Plus041 505_12150 5AA_00_C. MP4
F4Plus041 505_12150 5AA_00_C. MP4.tif
F4Plus041 505_12150 5AA_00_D. MP4
F4Plus041 505_12150 5AA_00_D. MP4.tif
F4Plus041 505_12150 6AA_00_A. MP4
F4Plus041 505_12150 6AA_00_A. MP4.tif
F4Plus041 505_12150 6AA_00_B. MP4
F4Plus041 505_12150 6AA_00_B. MP4.tif

图11-16

刚才我们使用默认设置，进行了 Stitch（缝合）操作，这也是此软件最重要的功能。在 Stitch 的同时，软件将四个视频素材的第一帧截图为采样依据，在内部进行了计算，对整段视频进行了全景拼合，效果如图 11-17 所示。

State 1
State 1

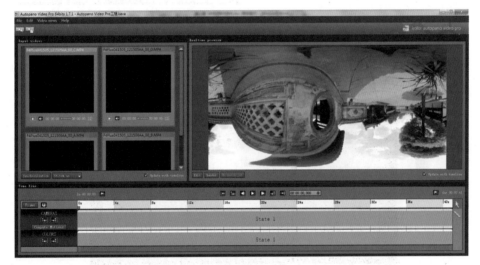

图11-17

对于我们实际拍摄的一部分镜头来说，用默认设置进行缝合就能取得比较好的效果，甚至不需要再进一步修改了，可以单击“Render”按钮直接渲染。但对于另一部分镜头来说，缝合情况可能不理想，尤其是靠近上下两极的景物，会断裂、会模糊、无法连续，那就要进一步处理了。图 11-17 中的镜头总体缝合效果较好，但也有一些缝合细节需要进一步处理。至于画面颠倒的问题关系不大，可以在下一步处理，或者留到最后 Premiere 总体剪辑中处理。

要开始进一步处理流程，需要单击预览窗口下方的“Edit”按钮，如图 11-18 所示。单击“Edit”按钮后，会以时间轴指针所在的帧为准，重新生成一遍采样图，覆盖原来的四幅采样图（如果时间指针没有移动过，那就还是与刚才的采样图一样），还会启动 Autopano Giga 软件并自动保存一个 Giga 工程，后缀名为 .pano，如图 11-19 所示。这两个软件是紧密配合的，如果想要精修缝合效果，就需要启动全景图拼接软件 Giga，在 Giga 内修整采样图，并以这个修图的方案反过来施加在整个视频上。

在功能设计上，前一操作（单击"Edit"按钮）理论上也会同时把四幅采样图传入Giga中打开，但实际上，可能遇到启动了Giga却没有打开四幅采样图的情况。我们可以在Giga中手工加载采样图：在Autopano Giga软件中，单击"浏览文件夹"按钮，找到刚才存放四幅采样图的文件夹，如图11-20所示。

图11-18

F4Plus041
505_12150
0AA_00_.p
ano

图11-19

采样图进来后，Giga右侧也出现了一套拼接方案，可以进一步单击"Edit"按钮打开一个窗口，用各种工具去修图。这里我们只单击两次"旋转"按钮，让画面从颠倒转为正常，就关闭此弹出窗口，不做进一步处理了，如图11-21所示。

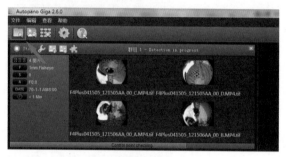

图11-20

图11-21

因为相对于Giga软件来说，另一个全景图拼接软件PT Gui的功能也十分强大，其"控制点"修图功能笔者更为熟悉，所以在拼接流程上，我们就不深入使用Autopano Giga了，而是转到PT Gui中处理。Giga只是做一个传球手，在Autopano Video Pro和PT Gui之间搭起桥梁，为两边互相转存方案。

在Giga右侧窗口中单击"保存"按钮，弹出一个下拉列表，选择最后一项"导出到Panotools"，如图11-22所示。将当前经过初步拼接和旋转了的方案，转存为PT Gui可以打开的工程，名称任意，后缀名为.pts。

图11-22

接下来启动 PT Gui 软件。选择菜单中的"文件→打开",打开刚刚用 Giga 转存出来的 .pts 工程。由于 Giga 中已经做了初步处理(基本拼接和旋转),在 PT Gui 中应该很快能看到与前一步差不多的效果,只需要取消勾选"自动"复选框,在镜头类型中选择"环状",然后单击"对准图像"按钮,就可以看到一个拼合效果了,如图 11-23 所示。

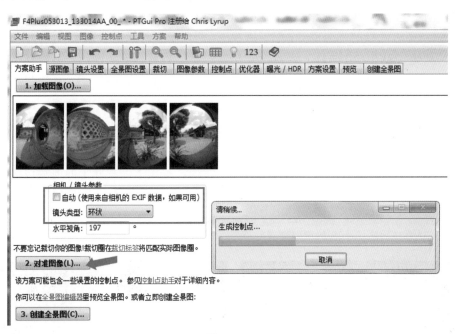

图11-23

然而,这样的拼合还是不精细。下面使用 PT Gui 的控制点功能处理。单击上方的"控制点"选项卡,切换到控制点窗口,如图 11-24 所示。控制点的原理是,在四个采样图的两两之间,找到重叠部分中的相同物体(像素),分别在左、右图上增加一个同样编号的控制点(Control Point),把这个相同物体(像素)标注出来。通过很多个这样的点的标注,引导计算机识别两图之间是如何衔接、重叠的,最终正确拼接。比如处理 A 和 B、B 和 C、C 和 D、D 和 A 四组图像对比,单击左下角的"上一对""下一对"按钮,一对对地去找控制点。目前经过初步拼接,已生成几十个自动生成的控制点了。

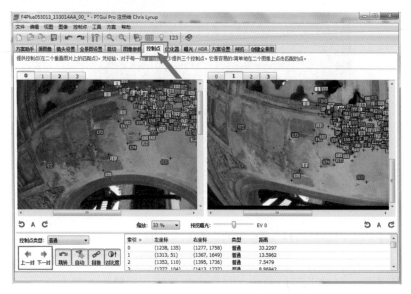

图11-24

但是，自动生成的控制点往往集中在画面水平中心部分，这一带也是透视变形最小的区域，而靠近上、下方两极的画面部分，控制点较少，所以很多时候拼接出来的画面，在上方（房檐，树冠，房梁）和下方（砖缝）容易出错。我们要做的无非两件事：一是检查已有控制点是否错误，比如左图中一个黑色斑点上有一个xxx号控制点，右图的xxx号控制点却不在这个黑色斑点上，跑偏了，那么就去右图中拖动这个xxx号控制点到正确位置；二是重点在画面的边缘、上下方，新增控制点，在一些黑白交界处、色彩差异明显的边缘和转折上，寻找特征像素，为左右两图分别标注出同一像素点。

比如，笔者在画面边缘的树叶上，利用枝杈特征，找到了一片叶子的前端边缘，定位了一对 202 号控制点，如图 11-25 所示。

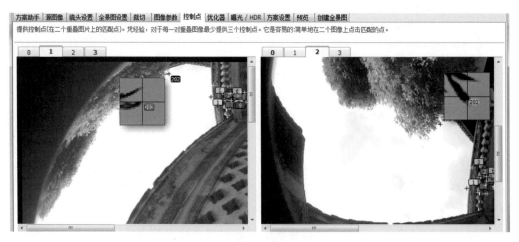

图11-25

地面的某片落叶、某个地缝、房檐的第几块砖，都可以作为特征像素，为左右图定义一对相同编号的控制点，如图 11-26 所示。要对画面顶部、底部的景物增添多对控制点，才能使拼合效果更好。

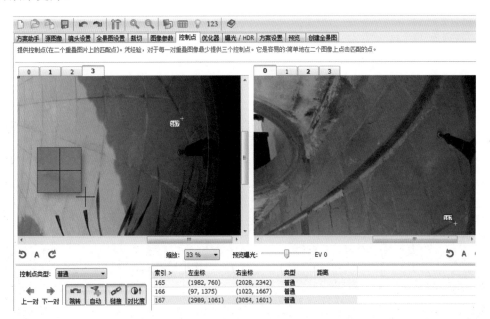

图11-26

控制点调好后，回到第一个选项卡"方案助手"，可单击"对准图像"按钮，检查结果，如图 11-27 所示。

图11-27

单击"对准图像"按钮，只是为了查看。调好的效果最终要应用到视频中，无须在此软件中继续操作，按快捷键 Ctrl+S 保存制作结果为 .pts 工程即可。

退出 PT Gui 软件，回到 Autopano Giga 软件中。因为我们最新的制作结果是在 PT Gui 中处理的，流程已经推进了，不是刚才在 Giga 中的那个拼接方案了，所以在 Giga 中关闭所有打开了的现有图片或者方案，清空软件界面。

在 Giga 中，选择菜单中的"文件→ Import"，在弹出的窗口中选择 Panotools，单击"下一步"按钮，如图 11-28 所示。

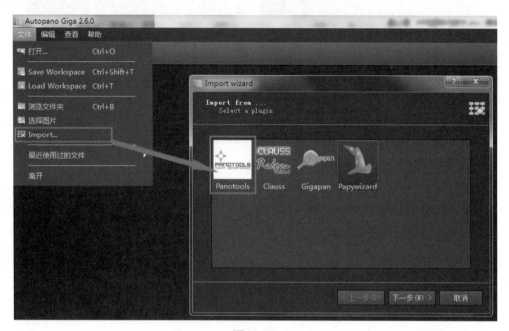

图11-28

在后续窗口中，单击"Add"按钮选择刚才用 PT Gui 软件做出来的 .pts 工程，将其加载进来，如图 11-29 所示。

图11-29

这一次，我们加载进 Giga 软件的是刚才用 PT Gui 软件调好的拼接方案。Giga 软件里呈现出了新的图片和拼接方案。如果我们看到全景图又上下颠倒了，也没关系，用刚才用过的方法，单击"Edit"按钮后旋转两次即可。Giga 的使命已基本完成，在 Giga 右侧窗口中单击"保存"按钮，弹出一个下拉列表，选择 "另存为"选项，将当前工程保存为后缀名为 .pano 的一个文件（可以替换最初从 Autopano Video Pro 中点 Edit 生成的那个 pano 文件），如图 11-30 所示。

图11-30

关闭 Giga 软件，进入 Autopano Video Pro 软件，进行流程中的最后一步。从功能设计的理论上说，只要用同名的 pano 文件替换了最初导出的那个 pano，则 Autopano Video Pro 中的视频就会自动更新为最新的拼接方案了。但是有时候这个更新并不能自动发生，也没关系，我们可以手动来做。

在 Autopano Video Pro 软件中，选择菜单中的"文件→ Import panorama"，并选择我们刚才制作好的那个 pano 文件，如图 11-31 所示。

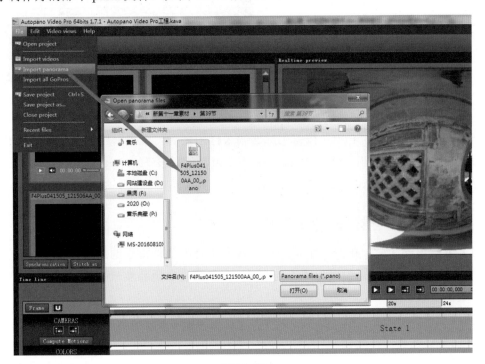

图11-31

这样视频就最终应用上了拼接方案，画面效果也随之一变。单击预览窗口下方的"Render"

按钮，可以渲染影片。如图 11-32 所示。

值得注意的是，Autopano Video Pro 一般采用 .h264 编码的 MP4 格式渲染视频，但是它的最大允许画幅尺寸（Maximum size allowed by output settings）为 4096×2048 像素，这个尺寸还不到 4K，其实对于 VR 视频来说是不够大的。尽管笔者拍摄的各个镜头素材，支持更大的清晰度输出（可达 6796×3398 像素），但是软件内采用的设置还是只能 4096×2048 像素，这个软件定制的 MP4 视频输出尺寸并不是太高，这种情况到了 Autopano Video Pro 的下一代更高版本（当前用的是 1.7 版）还是没有改变。要提高画幅尺寸，一个解决方法是尝试输出为 MOV 格式或者序列帧（图像），在这两种情况下，可以得到更大的画幅输出，再用别的软件转格式，只是需要多耗费一些工时。

本例中的拼接流程总结起来，就是：Autopano Video Pro → Autopano Giga → PT Gui → Autopano Giga → Autopano Video Pro。

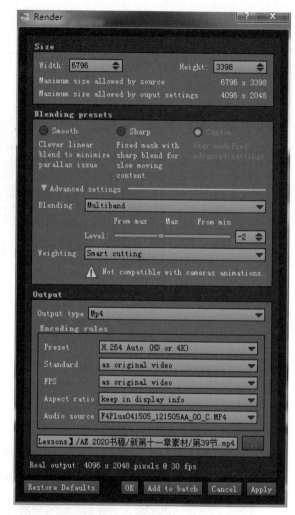

图11-32

此流程还可以简化，如果在 Autopano Video Pro 单击"Edit"按钮生成四幅采样图之后，直接用四幅采样图进入 PT Gui 拼接也是可以的，拼完走反向导入流程，这样一来流程就变为：Autopano Video Pro → PT Gui → Autopano Giga → Autopano Video Pro。

3. 范例：实景拍摄形式的 3D 视频

（1）范例内容简介：在上一个范例中，我们学会了全景视频的拼接，掌握了三形式两要素技术全图中的关于实景拍摄形式下的 720°全景要素实现和实景拍摄形式下的左右眼视差 3D 要素的实现。

本例以理论讲解为主，加上简要的步骤介绍，即可让读者理解视差 3D 视频的拍摄要点，剩下的可以多做实践，将视差 3D 视频作为一个有意思的研究方向和创作方向。本例介绍的拍摄理论，是笔者在实践中顿悟的一种有效的方法。本例提供的不是具体到参数那么精确的方法，而是一个原则，以这个原则做指导，在实践中靠感觉去把握，多实验，就能拍出很好的作品。

（2）具体操作步骤：

要戴特殊眼镜或头显观看（用于分隔双眼，收看不同的两段视频信号）的左右眼视差 3D 视频，已经出现很多年了，最早是在游乐园中的特殊场馆放映。在国际影坛上，自从 2009 年詹姆斯·卡梅隆导演的《阿凡达》电影上映以来，3D 电影就被普遍推广。3D 电影 / 视频的拍摄技术可行性早已被验证，一般做法是使用左右两台相同的摄像机，放在特殊支架上加以组合，并列拍摄。笔者个人也拼凑了这样一套设备，可以拍摄 3D 视频，即两台微型单反相机（适合拍视频的相机），安装相同的镜头（建议使用偏广角端的镜头，使视域更大，拍到的东西更多），放在一个手机直播支架两端上，以螺丝固定，最后一起放到一个三脚架上。由于人的左右眼本身距离就不远，所以为了模拟左右眼视差 3D 效果的这种摄像机阵列，也不能将两台摄像机离得过远，要以最小距离平行放置，如图 11-33、图 11-34 所示。

图11-33

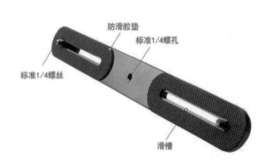

图11-34

以上设备组合很多人都能想到，真正有技术含量的是怎么拍，特别是两台摄像机之间的夹角怎么调？接下来为大家介绍笔者的经验。

先做一个实验，将食指单独放在眼睛前方，分别闭上左、右眼，用单眼去看这根食指，就会观察到一种移位现象：用左眼看时，食指偏向右侧；用右眼看时，食指偏向左侧，这是左右眼视差 3D 视频所利用的一个基本现象。还有更深一层的观察更重要，即食指是离我们眼睛最近的物体（近景），它的移位最大；而远一点的中景物体没有食指的移位那么大，食指相对于中景的参照物来说是更远的；远景物体也有移位，但移位量最小。因此可以得出一个大体结论：左右眼视差 3D 视频中离我们越近的物体，在两个单眼所观看到的视频信号中，要有更大的错位；离我们越远的物体，在两个单眼观看到的视频信号中，可以错位较小，错位量是"近大远小"。

根据这个结论，倒推拍摄方法。无须精确计算，只需估计，就能得到以下方法。用两台平行组合的摄像机拍摄 3D 视频时，为了能够使近景错位大，远景错位小，要手动去调节两台摄像机的夹角（在直播支架上略微转动相机），寻找构图，直到调成左右两个画面相比较，远景取景范围几乎一致（远景构图相同），而近景则由于两台摄像机本身位置就不同，拍到的近景物体会自动产生错位，如图 11-35 所示。

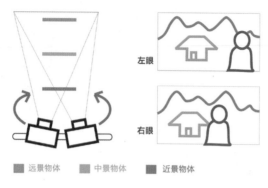

左眼

右眼

■ 远景物体　■ 中景物体　■ 近景物体

图11-35

　　这个道理已经讲述完了，再换一种方式表达一遍。拍摄时，先在画面中确定远景参照物体（比如墙上的一个电源插孔），左摄像机中拍到的远景参照物体，与右摄像机中拍到的远景参照物体，在画面中同一位置（比如画面左 1/4 处）。只看远景的话，左右两个摄像机拍到画面应该是基本相同的，为此就要将两个摄像机向内侧小幅旋转，尽量得到远景基本重叠的构图。而由于摄像机位置不同，角度不同，所以越靠近摄像机的近景物体，会体现出越来越大的视差，这个近景偏差就让它自动生成。在图 11-35 中，右侧比较了左右两个摄像机视图的构图内容，远景的山基本位置一致，中景的房子略有错位，而近景的人物有很大错位，这就是正确的拍法。

　　我们拍摄左右眼视差 3D 视频，它与 720° 全景不同，不要求画面必须是 2:1 比例，无论是广角、长焦、横构图、竖构图，只要是两个摄像机，都可以拍到 3D 视频。读者可根据自己的内容，选择构图方式，如图 11-36 所示。

　　用双单反拍出来的两个视频素材，应该利用 After Effects 软件或 Premiere 软件，将其并置，合成为一个单一视频。并置方式可以是左右并置或者上下并置，如果 3D 视频是竖幅构图，可以左右并置；如果 3D 视频是横幅构图，可以上下并置，如图 11-37 所示。最终在专用的 VR 头显设备里，可以选择不同模式进行解析，并正确播放（左右 3D、上下 3D、左右 360、上下 360 等模式都可以选择）。

图11-36

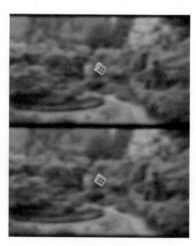

图11-37

《透明少女》系列和图 11-36 中笔者的试验创作，在拍摄阶段都是用两台非 720°全景相机拍摄的，可以理解为两台普通单反，而且是竖幅拍摄（便于人物取景），在拍摄时只满足了 3D 的单一要素，完全符合本范例介绍的左右眼视差 3D 视频实景拍摄方法。只不过在最后输出之前，又改了形式，增加了全景要素：用后期软件如 After Effects，把两个单眼镜头中的画幅比例都调成了 2:1，剩余的空间用其他后期添加景物填充《透明少女》（添加的景物是黑色背景和一些光点特效，图 11-36 则是找了一段单独的全景酒吧素材，合成上去），补完了全景的画幅，使最终作品在表面上看起来像是"720°全景 +3D"的全要素作品，如图 11-38 所示。所以这两部作品最终又可以归纳为三形式中的"后期合成形式"。

AE 第 40 课 三维动画形式

1. 理论知识：思路与技术分析

相比于实拍来说，三维动画（3DCG）技术是在一个完全虚拟的计算机世界里生成空间、物体、动画，没有现实世界的制约，因此模拟出 VR 的两要素——720°全景、左右眼视差 3D 都不难，制作全要素 VR 视频作品相对容易，虚拟摄像机的镜头运动也更加自由。因此不管是在戛纳影展的 XR 单元入围作品中，还是各大 VR 视频平台上，三维动画形式的 VR 视频数量要多于实拍作品。比如《达利的梦》和各类常见的太空探索类作品，均是属于三维动画制作形式，如图 11-39 所示。

图11-38

图11-39

本节将使用 3ds Max 软件 +Vray3.0 Adv（高级版）以上版本渲染插件，重点实现 720°全景要素的制作。左右眼视差 3D 要素的实现相对更为简单，在本节最后简略介绍。

2. 范例：三维动画形式的 720°全景视频

（1）范例内容简介：要在 3ds Max 中渲染 720°全景要素的视频，需要先安装 3.0 Adv 以上版本的 Vray 插件，读者可自行安装。室内外建筑装潢行业，早就将此技术用作 720°全景效果图的渲染和呈现了，渲染出来的图，也是供用户在专用播放器和 VR 设备上观看，使其更加身临其境，如图 11-40 所示。

图11-40

（2）具体操作步骤：

本节的技能重点在 720° 全景的渲染设置上，场景环境、灯光、建模不是本节要探讨的。
启动 3ds Max 2016 后，选择菜单中的"Max → Open"，直接打开本节素材中的 3ds Max 源
文件"范例场景"，如图 11-41 所示，其中已有一个简单的房间。

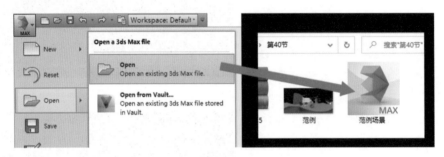

图11-41

我们来创建一个摄像机：在四个视图之中的一个视图上单击鼠标中键，选中该视图，
按快捷键 P 将其切换为透视图。使用鼠标中键滚动放大，进入房间正中，并可以结合快捷键
Alt+ 鼠标中键（按住不放并拖动）旋转观察角度（应水平，不要仰视俯视），直到找到一个
满意的观察角度。按 F3 键也可以切换线框图与真实渲染图的预览效果，如图 11-42 所示。

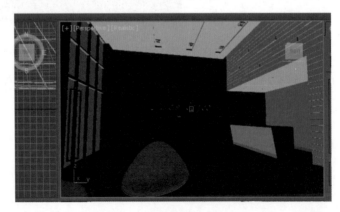

图11-42

选择菜单中的"Create（创建）→ Cameras → Create Standard Camera From View"，
以当前看到的预览画面为取景范围创建一个标准摄像机，如图 11-43 所示。

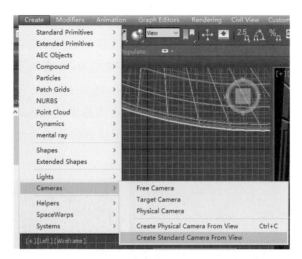

图11-43

　　摄像机创建完毕，接下来设置 Vray 为渲染器并做全景渲染设置：在 3ds Max 顶部菜单栏最右侧，单击"渲染设置"按钮 打开渲染设置窗口。首先在渲染设置窗口上方，将渲染器（Renderer）选择为 V-ray Adv 3.0。我们一直在说 720° 全景的视频或图片，它的画幅比例一定是 2:1 的，才能进行完整的全景包裹覆盖，因此，要在下方的 Output Size（输出尺寸）中，将宽度设置为高度的两倍。另外为了保证清晰度，画幅尺寸要尽可能大，我们设为宽度 6000像素，高度 3000 像素，如图 11-44 所示。

　　切换到 V-Ray 选项卡，展开最底部的"摄像机"卷展栏，将类型选择为"球形"，勾选"覆盖视野"，设置覆盖视野为 360°。这样就完成了最核心的 Vray 全景渲染设置，如图 11-45 所示。

图11-44

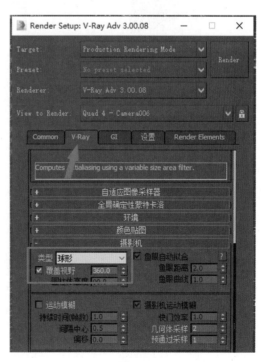

图11-45

回到 Common 选项卡，往下滚动，设置图片输出格式，如图 11-46 所示。此处我们选择 JPG 格式，为的是便于输出后进行查看。大家在做项目时也可以选择其他图像格式输出，本书中也讲到过，3ds Max 完成动画后，输出到 After Effects 中做后期处理，行业中主流习惯于采用 targa 图像格式（带透明通道）做序列图输出，或者是 RLA、RPF 格式（带 Z 通道）。

单击渲染设置窗口右上角的 Time Output，本例选择单帧输出即可，如图 11-47 所示。在今后的三维动画形式 VR 视频创作中，多数情况下应该渲染的是动画，因此选择 Range 并设置动画输出的时间范围。

图11-46 图11-47

单击 "Render" 按钮，或者按下 3ds Max 顶部菜单中的渲染按钮，就可以渲染出一幅 720°全景的图片，效果如图 11-48 所示。

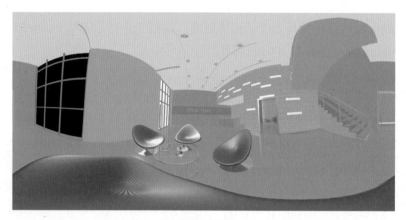

图11-48

下面继续进行一些延展知识的讲解。前面提过，左右眼视差 3D 视频，由于必须分隔左右眼收看，因此只能通过专用头戴显示设备播放，或通过 VR 眼镜滤色，设备要求较高。而只具备 720°全景要素的视频／图片，播放的条件就不那么严苛，可以在电脑上用专用的播放器播放，通过鼠标拖曳旋转视角查看；也可以在手机上用专用 App 播放，通过手机陀螺仪旋转或者手势滑动去旋转视角；还可以通过专用头显播放，观众自身转头查看。我们制作好 720°全景视频／图片后，需要对外展示、放映，比如笔者在讲课时，要现场为观众放一些笔者做过的全景作品。笔者推荐大家使用 UtoVR，UtoVR 是一个国内软件开发商，提供了电脑上的 UtoVR 播放器和手机上的 UtoVR App，很容易下载到。手机上的 UtoVR App 如图 11-49 所示。

安装好电脑上的 UtoVR 播放器后，可以把刚才渲染的 "范例 .jpg" 拖入其中打开，进行全景预览，如图 11-50 所示。这个播放器支持的格式是 MP4 视频和 JPG 图片。UtoVR 同时也运营了一个 VR 视频平台，我们在专用头戴设备上可以下载安装它，作为收看视频的渠道，其中收录有不少国内专业公司的 VR 视频作品，值得一看。除此之外，UtoVR 还在自己官网上提供了开源播放代码，即提供给网页开发者一段代码，放到他们自己的网页上后，网页上也具有了显示和播放 720°全景要素视频 / 图片的功能。

图11-49

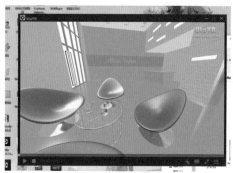

图11-50

3. 范例：三维动画形式的 3D 视频

（1）范例内容简介：三维动画软件（3ds Max/MAYA/C4D）中具有完整的三维空间，可以自由创建物体、移动摄像机、制作动画等，可以看作是真实空间的虚拟投射。在三维动画软件中制作左右眼视差 3D 要素视频，可以参照上一例子讲过的实景拍摄形式下实现 3D 要素的原理，将两个虚拟摄像机并排摆放，并向中间略微旋转，形成远景一致，近景错位的构图。然后分别渲染两个摄像机视图中的动画内容，得到两段序列图，最后在后期软件（如 After Effects）中，将两段序列图拼合成上下或左右形式的最终视频，如图 11-51 所示。

图11-51

图 11-51 是笔者做过的一个测试，找了一个三维模型场景，其中材质也是使用了 Vray 的一些设置，然后创建了两个摄像机，成一定夹角拍摄。分别渲染之后，用后期软件（如 Premiere）将其拼合为一个 3D 视频。其实图 11-51 中的左右两镜头，远景并不太一致，有点错位，做得不太好，这样最后看起来很不自然，双眼的景物有离散感。双摄像机的准确摆放角度、距离，要靠大家自己尝试，或者查阅相关理论进行深入研究。

（2）具体操作步骤：

打开一个 3ds Max 场景，最好是自己新建一个空场景，制作一些物体，在前视图（按快捷键 F）或左视图（按快捷键 L）中，选择菜单"Create → Cameras → Free Camera"，创建一个自由摄像机，用移动工具 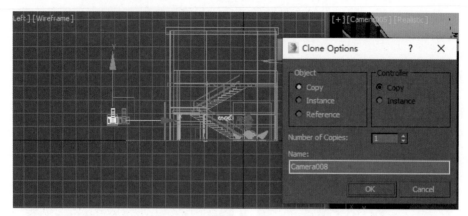 配合 Shift 键拖动它，复制出第二个摄像机，如图 11-52 所示。

图11-52

顶视图中（按 T 键切换到顶视图），用旋转工具、移动工具，调整它们的位置和夹角。旋转角度对称：比如左边摄像机 Z 轴旋转角是 -3°，右边摄像机的 Z 轴旋转角就是 3°，大致如图 11-53 所示。

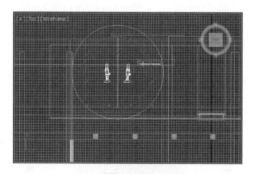

图11-53

在 3ds Max 四个视图中，选择其中两个视图，分别按快捷键 C（设置当前视图为摄像机视图），使两个视图中，一边显示左摄像机视图（在笔者的场景中是 Camera7），另一边显示右摄像机视图（Camera8），这样就能观察两个摄像机拍到的画面了。用移动工具，在顶视图中调整两个摄像机距离。按照远景一致原则，使两个画面中的远景物体位置尽量一致，如图 11-54 所示。

在图 11-54 中，拍到的最远的远景，大概是窗户，所以要移动摄像机，让两个摄像机中的窗户在画面中位置一致。而近景的墙上的字，则允许它有更大的错位，以形成视差。

摄像机的距离、角度要经过反复试验，输出影片后拿到头显上去观看、测试。经过长久的试验后，读者可以得到自己的一些参考数值。

如果要做移动摄像机的动画，注意将两个摄像机绑定在一起，可以将它们一起绑定在一个虚拟体（Null Object）上，从而实现联动。

用鼠标中键单击其中一个摄像机视图（Camera7），单击"渲染设置"按钮 ，选择时间范围，进行序列图渲染。同理，用鼠标中键单击另一个摄像机视图（Camera8），再次进行渲染设置，渲染不同名称的序列图。就得到了两个不同镜头的三维动画素材（画幅尺寸没有特定要求）。

启动 After Effects，新建合成，设置合成画幅大小为 3ds Max 渲染出来图像宽度的两倍，或者高度的两倍，这样才能同时容纳左右眼的两段动画素材（上下并列、左右并列均可）。比如 3ds Max 渲染图大小为 1440×720 像素，那么 After Effects 合成画幅设置可以为 1440×1440 像素，如图 11-55 所示。

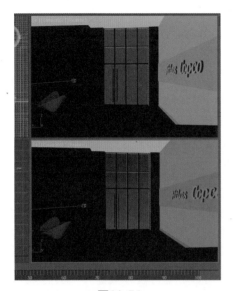

图11-54

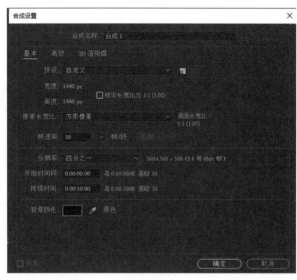

图11-55

将左眼、右眼的动画序列导入 After Effects 工程中，放入时间线成为图层。按快捷键 P 展开位置参数，小心地调整位置参数，使两图均分画面摆放（比如上图的 Y 坐标向上移动 300 像素的话，下图的 Y 坐标也要对称向下移动 300 像素），如图 11-56 所示。

最后就可以在 After Effects 中渲染这段视频了（VR 视频一般都是 MP4 格式，30 帧/秒以上）。渲染出来的 3D 视频，应该装入 U 盘，然后插到 VR 头显上，进行左右眼分隔播放，看视差效果如何。不断去试验，找到 3ds Max 中摄像机摆放的最合适参数。

图11-56

再将知识延伸一下，如果需要以三维动画形式制作"全景 +3D 全要素"视频，那么只需要在 3ds Max 的 Vray 设置中对双摄像机分别开启全景渲染即可。

AE 第 41 课 特效合成形式

1. 理论知识：概念讲解与技术分析

特效合成形式的 VR 视频，与 After Effects 软件为代表的后期合成特效技术，关系最密切。依托后期合成特效软件，也能够实现 VR 视频两大要素的制作，形成与实景拍摄、三维动画不同的，另一种技术路线。VR 视频研究者和创作者常常将目光锁定在前两种制作形式上（实景拍摄、三维动画），而忽略第三种形式，本书中特别提出"特效合成形式的 VR 视频"这个概念，列为三形式之一，为创作者指出了第三条路线。

要更好地理解 VR 视频中的特效合成制作形式，不妨先与传统视频中的特效合成制作形式进行对标和比较。传统视频制作（非 VR 视频）也可分为三维动画、实景拍摄、特效合成等制作形式。传统视频中的特效合成制作形式，其特征之一是素材来源丰富，同时有多类型素材（三维、二维、实拍、图片、特效等），如果一个视频中实拍素材比例过大，而后期合成只是加了一点文字上去，那这种基本上是属于实拍形式而不是特效合成形式；其特征之二是特效合成视频往往依托 After Effects 这类软件，深度参与画面构图制作，在后期合成软件中，对多类型素材进行静态的空间摆放、空间构成，以及动态的虚拟摄像机调度、运动设计。比如常见的 2.5D 式空间摆放和移动，即将素材前后摆放、形成纵深层次，然后进行运动调度（横向、纵向、斜向、纵深）。按以上定义，如果一个视频的最终构图，基本在三维动画素材、实拍素材阶段就确定好了，在后期合成时改变不大，那它的分类就难以划入特效合成形式，反之，如果后期合成阶段对素材进行了较大的构图重构和运动调度设计，它就属于特效合成形式。典型的特效合成形式的传统视频如图 11-57、图 11-58 所示。

图11-57 （作者的学生）

图11-58

在实际的视频制作中，很少有项目能把实拍、三维动画、后期合成这些制作形式完全割裂开，往往是相互渗透的，比如实拍的素材加上一些三维文字，加上一些后期光效，这样的视频节目非常之多。所以，以上对几种制作形式的定义，主要是定量分析，看比例、看程度，看主要依托的软件。很多视频能够明显看出它是以后期合成软件为主要平台，来完成大部分的构图与动画，同时不以其他来源的单一类型素材为主导，而是多类型素材混合，那么就可以归纳入后期合成形式。

与之类似，特效合成制作形式的 VR 视频，一般也有较为丰富的多类型素材，并且以后期软件（After Effects、Premiere 等）为主要平台进行构图设计和运动调度，制作的主要环节是在后期软件里完成的。另有一个传统视频里没有的最大特点是，VR 视频中的特效合成制作形式，应该在后期软件里完成 720°全景，或左右眼视差 3D 两大要素的制作。笔者在2020 年 8 月创作的《挚爱 VR 版》，可以作为此形式视频的典型案例，如图 11-59 所示。

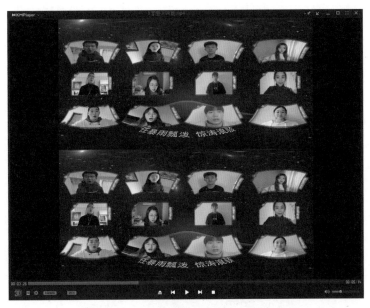

图11-59

在这部作品中，素材的来源有三维动画（片尾的草地、花瓣），有图片（星空、地球），有特效（Fractal Noise 特效生成的空间穿梭、光效、人物画框），也有常规的视频（歌手们自录的手机视频）。这部 VR 作品的前身是笔者为学校创作的常规版视频《挚·爱》（画幅1920×1080 像素），它本身是借用了 After Effects 模板打造的合成特效形式视频；笔者使用同一批素材，花了两个月时间重制了这个 VR 特别版（画幅 4320×4320 像素）。它不仅符合常规视频中特效合成形式的定义，还用了一定技术，比如用 Mettle Skybox 插件做出了 720°全景空间的透视感，并且在最后阶段将画面进行上下均分，对左右眼镜头中的远中近景分别进行移动错位处理，做出了 3D 视差，是一部同时实现了两大 VR 要素的作品，而且均是在后期合成软件内完成的。

因此我们可对 VR 视频中的特效合成形式做一个概念总结，它的特点首先是在后期合成软件内完成 720°全景或 3D 视差两要素制作；其次是它（像传统视频一样）具有多类型素材混合、后期软件内构图、运动设计的制作特点，是一种以后期软件为核心的制作模式。

如果深入研究庞杂的案例，可能会发现某些 3D 电影，不一定真用了 3D 双摄像机在现场拍摄（符合实景拍摄形式定义），而是用后期合成技术"硬改"成所谓的 3D，即加了个别的前景物体然后进行错位，加了一些视差的文字等。它不是真的在现场拍摄实现的 3D 要素，而是用后期制作实现的 3D 要素，这类影片处于模糊地带，但由于主要靠着后期技术去实现了 VR 两大要素之一，笔者倾向于可以归纳入后期合成形式。随着技术的交融，复杂的案例也越来越多，模棱两可的情况也难免出现，大家可以自行分类判断。

我们作为设计市场的参与者，做什么都必须有一套自圆其说的理论体系，这对我们与客户交流、广告营销、项目定位、报价、团队内部技术路线研讨来说，都是极为有用的，这也是本节用了这么多篇幅探讨特效合成形式 VR 视频的范畴、界限的原因。通过以上的理论梳理，我们明确了：除了实景拍摄用真机去真刀真枪地拍摄，以及三维软件里架设虚拟摄像机开启虚拟渲染外，在后期合成软件里还有一套方法可以实现 VR 两要素，用于营造 VR 空间，称为特效合成形式。接下来就讲解其具体的技术方法。

2. 范例制作：特效合成形式的 720°全景视频

（1）范例内容简介：安装使用 After Effects 插件 Mettle Skybox，把一些常规的视频素材进行拼接和空间扭曲，令其具有 720°全景透视，进而营造 720°全景空间。另外，以同样的技术，进行补地 LOGO 的制作。

当今世界上通行的全景图片 / 视频都具有一种相同的透视算法，类似于双柱图，即画面从水平方向看，左右侧各有一个柱形凸出透视部分；从画面垂直方向看，靠近水平线部分透视变化不大，接近于常规视频，靠近天地两极部分则会有画面收缩，在两级完成极线聚合（类似于球体经度线），如图 11-60 所示。

图11-60

要用特效合成形式去制作一个 720°全景视频，本质上是要在后期软件中用素材去拼合出这种全景空间，符合其透视原理。靠近水平线的素材可以像制作常规视频一样摆放，不做过多处理，因为其透视变形较小；也不用考虑双柱形凸出的问题。双柱形凸出只是一种对相机广角镜头素材拼接的结果，我们在后期中对水平线附近的视频素材只需横向摆好，环形连接即可，无须去模拟双柱形。真正要费心处理的是靠近天地上下两极的景物，景物内容越靠近两极，越扭曲扩大，才能抵消由于全景透视（极线聚合）带来的收缩变形，以景物的扩大抵消透视的收缩，在图 11-60 所示的效果中，靠近顶部的棕榈树叶和靠近底部的相机脚架，都扩张得很大，同一幅图最终在全景播放器中看起来就是正常的，如图 11-61 所示。

同样，在作品《神奇魔方》中，有一只鸟在靠近天顶时，它的透视也有这种扩大的特征，最后在全景播放器中观看，才是正常的，如图 11-62 所示。所以在后期合成软件里实现720°全景要素，必须对天地两极附近的景物加以特殊处理（扩张）才能符合全景透视，同样的道理也适用于所谓的补地 LOGO 的制作，即很多全景视频里用一个圆形的 LOGO 放在底部，遮挡相机三脚架，LOGO 或者其他位于底部、顶部的物体，都不能简单地放在那里，而要经过透视处理。

图11-61　　　　　　　　　　　　　　　　　图11-62

在 2018 年左右开始流行一款 Mettle 公司的 skybox 插件（After Effects、Premiere 都可安装使用），在 2020 年左右同一款插件又升级为了 Mettle Plugins Bundle，无论选择安装哪一个，其核心功能都差不多，都能帮助我们做出天地两极附近景物的正确透视。

（2）影片预览：使用 UtoVR 全景播放器播放"合成形式的 720°全景范例 .mp4"。

（3）具体操作步骤：

首先在自己电脑上为 After Effects 安装好插件 Mettle Skybox 或者新版本的 Mettle Plugins Bundle。然后启动 After Effects，新建项目，新建合成，设置合成名称为"全景透视"，画幅的尺寸为4320×2160 像素（4K 的全景视频，是现在 VR 视频平台所要求的最低质量标准，比如 VeerVR 平时从 2020 年开始规定低于此规格的不得上传），帧速率为 30，时间长度为 15 秒，如图 11-63 所示。

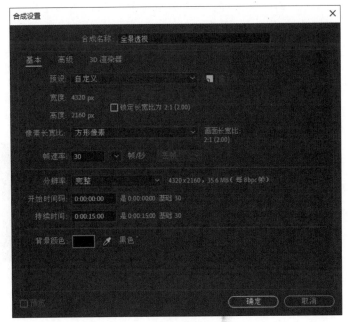

图11-63

在项目窗口中右击，选择"导入→文件"，导入素材"歌手一 .tga""歌手二 .tga""歌手三 .tga"。这三个素材取自虚拟合唱项目素材，虽然是图片，但也可以代表视频进行研究。

我们计划将歌手一放在上方,歌手二放在中部,歌手三放在下方。由于歌手二靠近水平线位置,不需要做处理,而歌手一、歌手三都需要施加插件特效,得到靠近两极的物体所应有的透视扭曲。将歌手一、歌手二、歌手三素材全选上,从项目窗口中拖入时间线窗口,如图11-64所示。

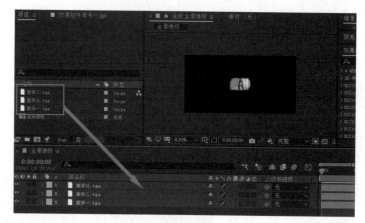

图11-64

大家可能觉得画面周围留空太多,图片较小。实际上对于全景视频来说并非如此,全景视频的画幅为2:1,将形成一个天空球,完整包裹住观众,我们目前看到的中心图片范围,大致相当于观众的正面,旁边的黑色对应观众的侧面和后面,实际上图片尺寸都还略大,根据经验目测还应该将图片缩小到70%左右,才能在观众的正面占据合适的视域大小。读者可以试着把三个图片层的大小都修改一下,这里暂时不调。

下面做一项添加特效前的重要准备工作,本例的关键技术环节开始了。我们选中图层"歌手三",如果现在对它添加任何一种特效,包括光效在内,这些特效的作用范围都会被局限在图层大小内,无法在整个合成画幅内起作用(假如是光效,光根本发射不出去,只能挤在图层那一小点空间里展示)。而我们马上要添加的Rotate Sphere特效,需要在整个合成画幅内产生扭曲和移位,所以,需要先按快捷键Ctrl+Shift+C将图层"歌手三"转换为一个同名合成,如图11-65所示。经过转换,默认情况下图层内容不变,而新的子合成的画幅大小也为4320×2160像素,这样就便于特效施展作用。

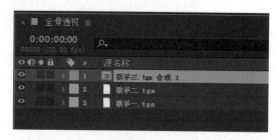

图11-65

对该层继续添加"效果→Mettle→SkyBox Rotate Sphere(旋转球体)",如图11-66所示。

图11-66

这个特效 SkyBox Rotate Sphere 是整套 Mettle 插件中最重要的效果之一。它可以让视频素材在整个 720° 全景视域（天空球）内滑动和变形，放在任何位置，而接近天地两极时，会生成自动的变形补偿（扩张）。这种扩张抵消了天地两极附近的收缩透视，使在全景设备上观看时，大小正常。现在，在特效控制台窗口中，设置 Tilt（X Axis）值为 50°，如图 11-67 所示。图片内容就下滑了，并且产生了扩张，如图 11-68 所示。

图11-67

图11-68

该图层制作基本结束。再讲解一些补充知识：对于另外两个参数 Pan（Y axis）和 Roll（Z axis），前一个主要是能够在横向上平移内容，如果移出右侧画幅又会从左侧进入，相当于循环滚动。在 VR 视频制作理论上，全球业界都在探索怎么剪辑镜头，即便是好莱坞也没有形成成熟的全景 VR 视频剪辑理论，因为传统的景别、蒙太奇似乎都失效了。但是有个别初级的争议不大的原则，比如上一个镜头中，主体或者某一个物体在画面哪个位置（也就是对应观众的哪个方向），剪辑后的下一个镜头中，主体或者那个物体应该还是在同样的位置，这样才能保持视觉稳定，避免观众方位感混乱。笔者在拍摄制作时也逐渐形成习惯，要让观众看到的最重要画面内容，应该还是放在正中心，而下一个镜头中主体内容也要放在正中心，对应观众的正面。而拍到素材经过全景拼接流程以后，中心位置都很混乱，重要景物所处位置忽左忽右，这时候就需要经常运用 Pan（Y axis）这个参数，偏移画面的位置，把重要景物、中心物体平移到画面中间来。此外，还可以在 Pan（Y axis）这个参数上设置关键帧动画，让景物转动起来以避免单调，比如一个星空背景，可以让它缓缓地转动。Roll（Z axis）这个参数能让素材自身翻滚，相对来说用处不大，可以视需要使用。笔者的一个电吉他演奏视频 The Loner（获得首届成渝杯数字媒体艺术作品大赛新媒体艺术类专业组三等奖）大家可以一看，方法是在优酷上搜索"刘力溯"，就找到笔者的大量全景视频作品，如图 11-69 所示。在 The Loner 这个 MV 中，有个错误是前面几个镜头中，没有把主体演奏者的位置摆在画面的同一位置，造成切换镜头之后主体移位，形成视觉（方向）混乱。正确的做法是用 Pan（Y axis）这个参数移动人物位置，统一位置。作品后半段也有一个利用 Pan（Y axis）制作的画面剧烈转动的动画。

图11-69

　　下面回到项目制作，选中图层"歌手一"，同样按快捷键 Ctrl+Shift+C 转换为合成。添加"效果→ Mettle → SkyBox Rotate Sphere"，然后将 Tilt（X axis）设置为 -50°，负值是向上偏移，效果如图 11-70 所示。这样的透视扭曲，观众最终在全景播放器中看到的效果是，三个小画面中上下两个略有倾斜，隐约组成一个球体包裹、环绕着观众。

图11-70

以上三个图层（即歌手一、歌手二、歌手三），大家可以将其全部按快捷键 Ctrl+D 复制，复制后的新图层向左或向右平移，充实画面内容，填充构图。也可以用新的素材制作左右的新内容，这里由于核心方法已经讲过，此处不再赘述。

下面我们来制作背景。首先明确一点：我们几乎无法单靠后期软件（如 After Effects、Premiere）生成连接得天衣无缝的 720° 全景背景，后期软件毕竟不像三维动画软件或者实景拍摄，能够在接近于现实世界的三维空间中直接取景成图。如果单靠后期软件去处理非720° 全景的普通素材，即使用 SkyBox 这样的 After Effects、Premiere 全景插件，也无法得到完整、连续的 720° 全景图像，比如用 SkyBox Converter 特效去强行转换普通素材，效果也不尽如人意，有明显的景物断裂感、不自然感，局部似乎是正确的，但整体无法融为一体，如图 11-71 所示。

图11-71

那么以后期合成形式制作 720° 全景视频时，应该怎么获得全景背景呢？通常方法有两个，一是借用三维动画软件生成的，或者实景拍摄得到的 720° 全景素材，即借用"三形式"中的前两种形式辅助生产部分素材，在后期软件中加以混合使用。二是发挥后期软件的强项和精髓——拼。后期软件无法像三维软件或实景拍摄一样一次成图，较为容易地得到景物之间衔接良好、具有整体连续性的全景图像，但是可以用多个、多部分素材，耐心拼合，拼凑出一个近似的 720° 全景空间。在本例前面的制作中，我们已经体会到了用三个常规视频素材，加以插件特效，拼凑出一个全景透视的方法（前景部分），背景制作也大同小异。用后期软件拼凑全景空间的最大缺陷，就是各个画面部分（素材）之间确实无法真正地融合和做到无缝衔接，那么就只能加以渐隐、虚化、暗化处理，比如以黑色或者基调色掩盖拼接处，让几个主要部分的景物浮现在画面各个位置，边缘若隐若现，交接处全部采用配色、暗影或者其他多种技术手法加以掩饰。虚虚实实，以假乱真，其实正是后期软件、后期创作者一直以来所擅长的。下面的步骤就是运用某些技术手段，拼凑一个全景星空背景。后期合成软件中制作的全景背景，并不完美，就看制作者如何结合自己的艺术创作实际画面情况，利用各种手法去"蒙混过关"。

在时间线窗口中右击，选择"新建→纯色"，创建一个白色的纯色层（固态层）。基于和之前同样的原因，这个纯色层最终要用 SkyBox 加以一定的透视变化，所以应该先按快捷键 Ctrl+Shift+C 把它转换为一个合成，转换后它的名字默认为"白色 纯色 1 合成 1"。双击进入"白色 纯色 1 合成 1"内部，这个单独合成内部，只有一个白色固态层，我们来加一些特效让它变成星空。

对白色固态层添加"效果→生成→单元格图案（Cell Pattern）"，然后在特效控制台窗口或者时间轴的图层下方，修改单元格图案的特效参数：单元格图案为"气泡"；对比度为600；分散为1.5；大小为60，如图11-72所示。画面效果如图11-73所示。

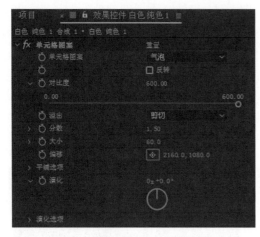
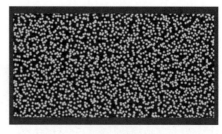

图11-72　　　　　　　　　　　　　　　　图11-73

再对该层添加"效果→颜色校正→色阶"。拖动直方图下最左侧的滑条，靠拢右侧，如图11-74所示。这一操作可令图层加深，暗区增加，亮区减少，从而使星星的密度合理，如图11-75所示。

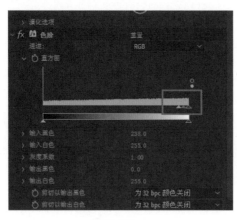

图11-74　　　　　　　　　　　　　　　　图11-75

目前白色的星空有了，但是过于单调，可以再做一层效果。从项目窗口中的纯色层文件夹中，将白色固态层素材拖入时间线，放在原来的白色固态层上方，如图11-76所示。

保持这个新的层为选中状态，将时间线指针移动到0秒0帧，即最开始处。找到效果和预设窗口，展开"动画预设（Presets）→ Backgrounds"，双击添加"宇宙能量"，如图11-77所示。

预设是一些现成特效、动画、表达式等的预先组合。在时间线窗口中展开当前这个白色固态层下方的效果折叠栏，可以看到所谓的宇宙能量是由分形噪波、三色调两个特效组合而成的。大家可以检查修改一下分形噪波特效下的各种关键帧位置，使默认动画能够从第一帧开始，持续到当前合成的最后一帧，而不是半途结束（移动结束关键帧位置即可）。最后，将当前图层的图层叠加模式，修改为"纯色混合"，画面效果如图11-78所示。

图11-76 图11-77 图11-78

在时间线窗口，单击"全景透视"选项卡，回到我们的主合成"全景透视"。将"白色纯色 1 合成 1"这个图层，放到所有图层的下方，作为底层，暂时隐藏其他图层◉。我们来解决难点，将其透视尽量向 720°全景透视靠拢，如果不做这种处理，在最后全景播放器中，观众就会看到上方、下方的星星极不正常，产生强烈的极线收缩。对图层"白色 纯色 1 合成 1"添加"效果→ Mettle → SkyBox Rotate Sphere（与本例之前用了几次的特效一样，可翻译为旋转球面）"。将 Tilt（X axis）设置为 90°，如图 11-79 所示。

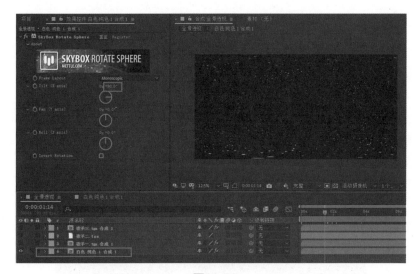

图11-79

加了这个特效，让靠近天地两极的星空，有了符合 720°全景透视的放大变形，足以抵消全景播放时顶部、底部的极线收缩。但是它并不是完美的，画面正中似乎出现了另一个极线收缩效果，这不是我们想要的，这个缺陷的细节如图 11-80 所示。

图11-80

我们想要的是画面中部的星空正常排列、平均分布，而不是这种意外偏转出的新的极线收缩，那么只好用一些其他折中的手法去遮掩。选中图层"白色 纯色 1 合成 1"，按快捷键 Ctrl+D 复制一层，复制出来的新的一层正好位于原层上方，删除这一层上的所有特效（Mettle SkyBox Rotate Sphere），也就是去掉透视变形，呈现原始状态。使用工具栏中的矩形遮罩工具 █ 为其绘制一个仅包含画面中部区域的方形遮罩，如图 11-81 所示。

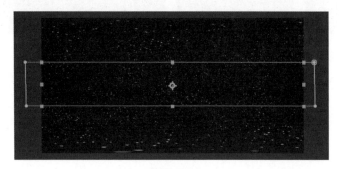

图11-81

通过这个限定范围的新层，实际上用正常的星空影像，刚好遮住了底层中带有的不正常的极线收缩部分，是一种折中之策。方形遮罩是否加以一定羽化，可由读者自行决定，笔者大概加了 30 像素的遮罩羽化。这对于星空这样的间隙较大，密度稀疏的背景，是很有效的，观众不仔细观看，很难能察觉到星空中部与其余部分的断开与接缝。但这种手法对写实图片 / 背景得到的结果较差，如前面所说，纯粹运用后期软件很难凭空生成完整、连续的 720° 全景背景。应根据自己的实际画面灵活施策，决定选用哪些素材，如何拼接内容，如何遮掩接缝。

现在打开上面的三个歌手层的显示开关 ◉，画面已实现全景要素，如图 11-82 所示。

图11-82

我们再来研究一个全景视频制作中的常见问题——补地 LOGO 的制作。90% 的全景视频作品，都会运用补地 LOGO，将其放在画面下方，一方面遮挡相机脚架，另一方面标识品牌。笔者的作品为《四川最美古宅—陈家桅杆》（于 2021 年获得第六届中国 VR/AR 创作大赛最佳交互单元奖），补地 LOGO 在原始制作时和在全景播放器中播放时的效果，分别如图 11-83、图 11-84 所示。

图11-83

图11-84

补地 LOGO 的制作方法跟本节前面讲的一样，也是用了 SkyBox Rotate Shpere 特效。

继续在刚才的合成中，导入素材 "LLS 个人标志 .png"，将其拖入时间线成为一个图层。按快捷键 S 展开缩放参数，设置缩放值为 150%，然后按快捷键 Ctrl+Shift+C 将这个图层转换为合成，如图 11-85 所示。

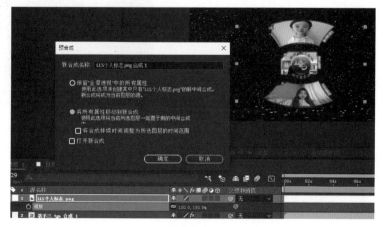

图11-85

对 LLS 个人标志这一层，添加"效果→ Mettle → SkyBox Rotate Sphere"，设置 Tilt（X axis）为 90°，本例已经反复使用这个参数好几次了。Tilt（X axis）是纵向偏转，90°的值能让原来处于画面中心的 LOGO，移位到画面底部，并且具有了正确的全景透视，如图 11-86 所示。

图11-86

多数全景视频里，会让 LOGO 转起来，这样才能让观众更好地阅读 LOGO 周围所环绕的文字。将时间线指针移动到 0 秒 0 帧，打开 SkyBox Rotate Sphere 特效的参数 Roll（Z axis）前面的关键帧开关 ，记录当前的旋转角度。然后将时间线指针移动到最后一帧，修改 Roll（Z axis）的值为 –2x 或者 –1x，一两圈即可，不宜过快，如图 11-87 所示。

图11-87

本例全部制作完成了，可将其渲染为一段 AVI 视频，然后用 Premiere 转换为 MP4 视频格式。相比众多的格式转换软件（格式工厂、Total Video Converter 等），Premiere 实际上是最好的一种格式转换软件，After Effects 渲染出来的 AVI 视频，最好都经由 Premiere 转换为最终应用的视频格式。而全景视频的格式一般均为 MP4，采用最低 30 帧每秒的帧速率。最后将 MP4 作品放到全景播放器中查看，如图 11-88 所示。

图11-88

读者播放范例时，会发现下方有个黑色的洞，这是由于 Premiere 在转 MP4 格式时，在下方留了一条黑边所致，与我们 After Effects 的原始制作无关，AVI 视频也是正常的。无非是在最后一步探索其他更适合全景视频的转换方式即可，比如用 Premiere 输出格式中的 .H265 的 MP4 就无此问题。

　　本例已经制作完成，最后再结合案例做一个总结。笔者在 2021 年的第六届中国 VR/AR 创作大赛中获得了交互单元的奖项，同期新闻单元获奖作品中的《幸福坐标》（央视国际网络有限公司）中也可以看到近似于本例的特效合成手法，如图 11-89、图 11-90 所示。

图11-89

图11-90

　　这个作品大量使用了后期的画中画、素材混合手法进行制作，比较符合特效合成形式 VR 视频的定义。可以看到它对于画面中水平线附近的视频素材，也只是简单排列放置，这样就能形成左右相接、360°的环形包裹视场，与笔者的作品《挚爱 VR 版》的一些镜头手法比较接近。大致可以形成这样一种粗略认识，VR 视频画面可一分为三，中间三分之一水平线附近的区域，素材无须考虑透视变形，简单放置即可；上下各三分之一的区域，则要对素材进行符合 VR 透视原理的扩大变形，这种变形不是普通特效能做出来的，只能依靠 SkyBox 等专用 VR 插件。中间三分之一水平线区域也不是一个绝对精准的值，更不是不可逾越的，素材如果略微超出中间三分之一区域，不做透视处理也可以接受。观众看到的是上端或下端素材，会有一定收缩感、距离感，像瀑布的远端一样，这也是一种可接受的空间摆放方式，如图 11-91、图 11-92 所示。但是靠近上下两极的物体，则必须进行 VR 变形处理，否则这种收缩感特别强烈，会使素材严重变形，不可接受，如补地 LOGO 就一定要做特殊处理。

　　另外，这种视频画中画，并不是合成特效形式 VR 视频的唯一表现方式，还可以使用同样的原理（中间不变形，上下透视变形）拼接多个素材，做出素材若隐若现，衔接处难以察觉的（以黑色、彩色掩盖，模糊交界处）720°全景画面，构建各式各样的复杂空间场景。

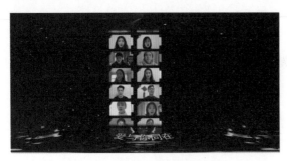

图11-91

图11-92

3. 范例制作：特效合成形式的 3D 视频

（1）范例内容简介：利用 After Effects，或者 Premiere 软件，先对视频进行分屏制作，即让画面左右或者上下并列显示同样的内容，对应左右眼所看到的单独视频信号（在 VR 专用头显上会识别播放）。然后对分屏后的并列内容中的素材，按照远中近不同深度进行分别错位，从而实现左右眼视差 3D 要素。本例根本不需要任何复杂的特效，只需要理解原理，并用软件中最基础的功能（移动）来制作实现。

（2）影片预览：戴上 VR 头显设备播放"合成形式的 3D 视频范例 .mp4"。

（3）具体操作步骤：

新建 After Effects 项目，新建合成"合成 1"，合成画幅大小为 1920×1080 像素，帧速率为 30，持续时间 15 秒。不同于 720°全景要素视频，本例必须要求画幅比例为 2:1。本例我们做的是一个单纯的 3D 要素视频，3D 要素视频本身没有画幅大小限制，完全取决于创作需要。

导入本节提供的素材"Romantic BG.mp4"，将其从项目窗口中拖入时间线窗口，成为一个图层，如图 11-93 所示。这个素材纯粹就是一个漂亮的背景，没有特殊之处，读者用其他图片、视频替代也无妨。

其余的素材我们继续使用上一例中用过的。导入素材"歌手一 .tga""歌手二 .tga""歌手三 .tga"，然后从项目窗口中将它们一起拖入时间线窗口，放在背景层 Romantic BG 的上方，如图 11-94 所示。

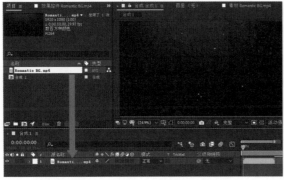

图11-93

图11-94

目前的图层顺序从上至下依次为：歌手二、歌手三、歌手一、Romantic BG。选中歌手二（近景），按 Shift 键配合方向键（每次按下方向键，移动量是不按 Shift 键的移动量的 10 倍，用于大幅度移动物体），将歌手二向画面左上角移动，不要盖住底下的图层。接下来，选中歌手三（中景），按快捷键 S，展开缩放参数，将它缩放到 90%，这是为了模拟近大远小的透视关系。最后，选中歌手一（远景），按快捷键 S，展开缩放参数，将它缩放到 80%，并按 Shift 键配合方向键，将它向画面右下角移动。这些移动和缩放只是摆放一个大概位置，不用十分精确，也不涉及本例的核心知识，凭感觉随意摆放一下即可，效果如图 11-95 所示。

图11-95

通过这样的摆放，我们相当于是用合成软件设计了画面构图，摆出了图层的基本前后关系，接下来，我们要继续在合成软件内部，开始实现 VR 的 3D 视差要素的制作。

先制作分屏，在项目窗口中右击，新建合成"合成 2"，画面宽度仍然是 1920 像素，但高度是原来的两倍，即 2160 像素，这种高度设置是为了上下并列放置左右眼所看到的独立视频内容，即分屏。其他参数不变，仍然是帧率 30，持续时间 15 秒，如图 11-96 所示。

下面要开始本例的核心知识，即分别制作左右眼所看到的单独的内容，在其中微调、移位，从而得到不同深度上的错位，模拟出 3D 立体视差。

在项目窗口中，选中合成 1，按 Enter 键，将其重命名为"左眼"，如图 11-97 所示。

选中合成"左眼"，按快捷键 Ctrl+D 将其复制，并按 Enter 键，将复制出来的副本合

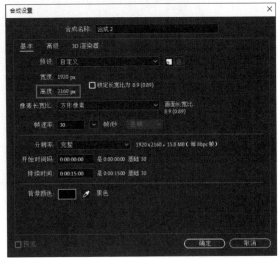

图11-96

成，命名为"右眼"，如图 11-98 所示。两个合成基本内容一样，但必须独立分离，才好在其中做不同的调整，形成视差。

图11-97

图11-98

从项目窗口中，将合成"左眼"拖入时间线，成为一个图层。按快捷键 P，展开位置参数组，将该层的位置修改为（960，540），从而使左眼内容刚好位于画面上方 1/2 处，如图 11-99 所示。在这个简单的均分画面操作中，单击"切换透明网格"按钮 ，查看透明底，精准观察，避免画面上方留出不该有的缝隙。我们的左眼、右眼合成应均分画面，不留一丝缝隙，否则会影响 VR 头显对视频的正确识别。

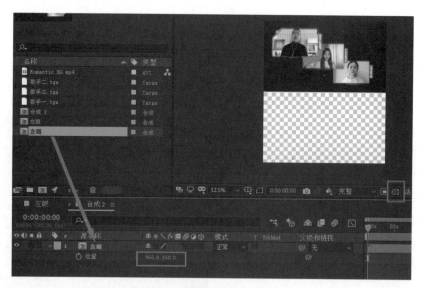

图11-99

同样，将合成"右眼"也拖入时间线，修改其位置为（960，1620），如图 11-100 所示。

图11-100

这样我们就完成了分屏任务。如前所述，这种分屏形式的视频，符合 VR 头显中播放的 3D 视频 / 电影的正确形式。VR 头显的玩家，应该熟悉这样的视频放到头显中播放时如何设置识别模式，从而可识别左右、上下分屏的 3D 视频，还可识别 720° 全景模式等。

下面来制作更为关键的部分。当前左眼、右眼两个合成的内容是完全一样的，因此不能形成 3D 视差和立体感。那么就需要分别进入两个合成内部，对物体进行微调、错位，以形成 3D 视差。

在项目窗口中双击合成"左眼"进入其内部编辑。回忆一下本章前两节中讲过的左右眼视差 3D 要素的基本原理，背景 / 远景物体在左右眼单独看时偏移最小，越是近景的物体偏移越大，这样才能形成 3D 视差立体感。所以作为这个镜头背景 / 最远景层的 Romantic BG，我们可以不动它，不予处理。而前面三个素材层，就要分别进行错位处理了。

选中图层歌手一（远景），按快捷键 P 展开其位置参数，将位置的 X 坐标（横向）从 1400 修改为 1408（相当于向右移动了 8 个像素，左眼看到的物体，应该是向右边偏移的）；

选中图层歌手三（中景），将位置的 X 坐标（横向）从 960 修改为 976（相当于向右移动了 16 个像素）；选中图层歌手二（前景），将位置的 X 坐标从 520 修改为 544，如图 11-101 所示。

本例到这里其实就可以结束了，可以在合成 2 中进行渲染输出视频了。在上一步中，我们在左眼合成中，按照距离将近景向右偏移了 24 像素，将

图11-101

中景向右偏移了 16 像素，将近景向右偏移了 8 像素。一般做这种 3D 视频时，谨慎起见，笔者会将偏移量控制在 30 像素以内，因为即使是最近的、偏移量最大的物体，左、右眼之间它的偏移量也很少超过 30 像素，如果偏移过多，就会超过人眼成像极限，使景物失真、脱节，大家也可以多做实验，寻找偏移量的合理区间。

我们只是在左眼合成中做了景物偏移，这样就足以与右眼合成中的景物形成视差了。读者也可以尝试在右眼合成中对景物再做一些反向偏移（向左）。总之，只要左、右眼看到的景物有视差、有偏移就可以了。最后，回到合成 2，选择菜单中的"合成→添加到渲染队列"，将包含左、右眼并列分屏的合成 2 内容，渲染输出为 15 秒的 AVI 视频，再在 After Effects 软件以外，用其他格式转换软件（如 Total Video Converter 等）将其转换为 MP4 格式，就可以通过 U 盘拷到 VR 头显上观看了。看到自己做出来的 3D 立体视频，感觉会非常不错。

4. 范例制作：特效合成形式的"720°全景 +3D 全要素"VR 视频

（1）范例内容简介：通过前两例，大家已经看出来了，在后期合成软件中制作 VR 要素，做起来十分自由，不受拍摄条件限制。同样，用特效合成形式制作"720°全景 +3D 全要素"的视频相对也不难。

（2）影片预览：戴上 VR 头显设备播放"合成形式的全要素视频范例 .mp4"。

（3）具体操作步骤：

新建一个 After Effects 工程项目，新建一个合成"合成 1"，画幅大小为 2160×1080 像素，帧率 30，持续时间 10 秒。注意此合成的画幅比例刚好是 2:1，也就是首先建立的是一个 720°全景规格的合成，如图 11-102 所示。

图11-102

关于 720°全景视频中的背景制作，前面已经探讨过了，可以用素材拼，可以生成一些特效（星空等），这里就简单制作一个即可。在时间线窗口中右击，选择"新建→纯色"，建立一个任意颜色的纯色层（固态层）。在固态层上右击，添加"效果→生成→网格"，网格特效保持默认参数即可，如图 11-103 所示。

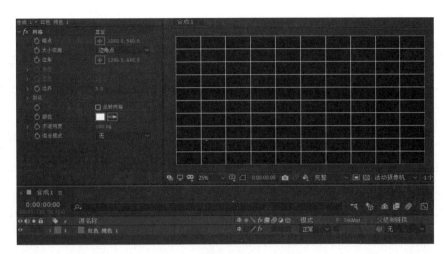

图11-103

这种不加任何处理的常规背景，用作720°全景视频的背景，在最终用全景播放器播放时，顶部和底部会产生极限收缩，大家可以自己观察。

在项目窗口中双击，选择"导入→文件"，导入本节素材文件夹内提供的一幅图片"战斗机 .tga"。从项目窗口中将"战斗机 .tga"拖入时间线，成为一个图层，如图 11-104 所示。

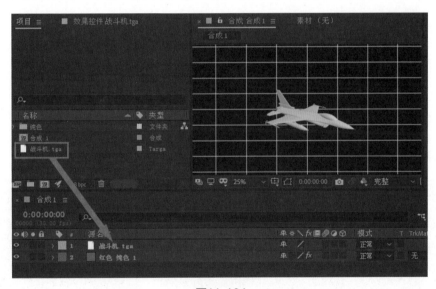

图11-104

现在，我们的合成画面中有两个物体，分别是网格背景和战斗机。物体太少，体现不出3D视差要素，因此需要复制多个物体，才好做最基础的测试和观察。选中战斗机层，按快捷键 Ctrl+D 两次，复制出两个图层。现在有了三个战斗机层，将中间那一层向右上方移动，并缩小尺寸为 70%；将最下方的战斗机层向右上方移动，缩小尺寸为 50%，最后效果如图 11-105 所示。

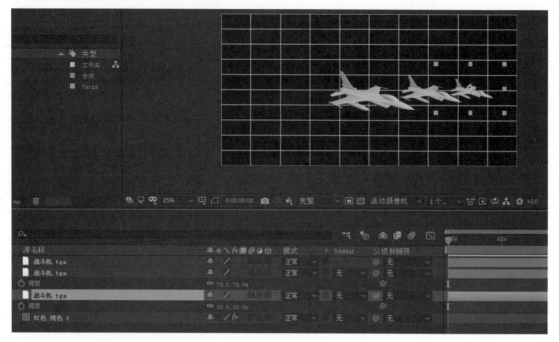

图11-105

这样就做好了一个非常简单的 720° 全景视频内容，有背景，有近中远景物体。下面要实现另一个沉浸式视频要素——左右眼 3D 视差了。在项目窗口中右击，选择新建合成，建立一个"合成 2"，画幅尺寸为 2160×2160 像素，帧率 30，长度 10 秒，如图 11-106 所示。可以看出，这是一个正方形的画幅比例，目的是用来上下并列放置左右眼合成。

在项目窗口中，选中合成 1，按 Enter 键，将其重命名为"左眼"。保持左眼合成为选中状态，按快捷键 Ctrl+D 将其复制，得到两个一模一样的合成，将其中一个重命名为"右眼"，如图 11-107 所示。

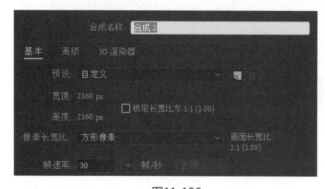

图11-106

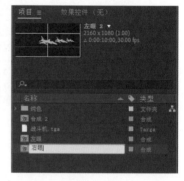

图11-107

将合成"左眼""右眼"都拖入时间线，成为图层。修改左眼合成的位置参数，将 X 轴从最初的 1080 修改为 540，这样相当于向上移动了 540 像素，刚好占据画面上方 1/2 面积；同理，修改右眼合成的位置参数，将 X 轴从最初的 1080 修改为 1620，这样相当于向下移动了 540 像素，刚好占据画面下方 1/2 面积，如图 11-108 所示。

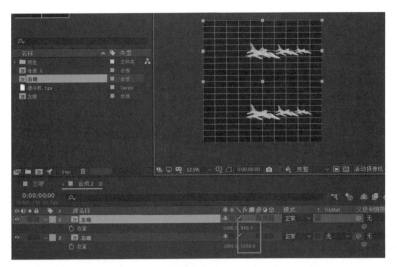

图11-108

如此一来,整个合成 2 的画幅尺寸,内容都符合"720° 全景要素+3D 视差要素"的要求了。最后一步,还是分别进入左眼或者右眼合成,分别偏移远、中、近物体位置,形成近似于人眼的立体视差。

在项目窗口中,双击合成"右眼",进入右眼合成的时间线进行编辑。人的右眼看到的物体,相对于左眼,肯定是向左有一定偏移的。在右眼合成内部,选中第一个战斗机层(近景),按快捷键 P 展开其位置参数,将 X 轴坐标从原来的 1080 修改为 1050,这个修改相当于让该层左移了 30 像素。选中第二个战斗机层(中景),将 X 轴坐标从原来的 1517 修改为 1500,相当于让该层左移了 17 像素(因为中景层偏移量要小于近景)。选中第三个战斗机层(远景),将 X 轴坐标从原来的 1816 修改为 1810,相当于让该层左移了 6 像素,如图 11-109 所示。

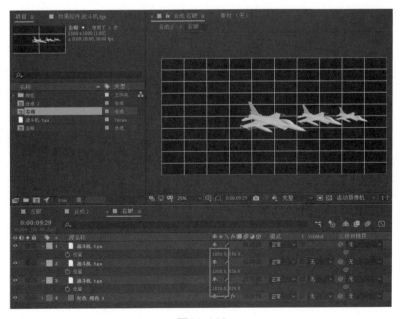

图11-109

每次制作项目，物体位置坐标都不同，不必死记参数，只要掌握原理即可灵活运用。本例移动第一个图层 30 像素，移动第二个图层 17 像素，这些也只是粗略的估计值。在今后的项目中，大家也可以将视频中的物体简单分为 3~4 个层次，然后分别移位，实现 3D 视差要素。包括好莱坞的 3D 电影也是运用同样的原理，最前方的物体一般是字幕，错位量最大；画面中的火焰粒子、雪花这些元素一般也是前中景，错位比较大；人物、道具等错位量中等，背景错位量最小。

回到合成 2，选择菜单中的"合成→添加到渲染队列"，将影片渲染为 10 秒的 AVI 视频，然后在 After Effects 外部使用其他软件，将视频转换为 MP4 格式，就可以放入 VR 头显观看了。本例制作顺利结束。

本章的最后，再对 VR 视频概念做一点补充探讨。VR 三种制作形式之间的分界点，取决于大家自己如何去定义，三形式中间有很多交叉、复合形式，比如 3ds Max 等软件制作的三维动画内容，也可以分为 3~4 层渲染，在后期合成软件中，以本节所讲的方法分别错位，实现 3D 视差要素，这种视频是算作三维动画形式，还是后期合成形式，取决于采取什么标准，或者具体的定量判断。有一种分类依据可以作为参考：本章所讲解的实景拍摄和三维动画形式的 3D 要素 VR 视频制作，在两个摄像机之间都有一个角度差，即两个摄像机看向中间，汇聚在远景的一个点上，这个实际上更接近真实人眼的视差情况，更仿真；而单凭后期合成软件，是绝对做不出角度差的，后期合成软件不是三维或者实拍，不能在不同角度成像，只能对物体位移，模拟出左右眼之间的景物偏移。如果采用"角度差"这个严格标准，也能对三种形式做分类，在后期软件中使用了移位手法，可以作为认定后期合成形式的指标。读者掌握了 VR 视频的制作方法，就能成为站在时代潮头的新一代艺术创作者。